上海市工程建设规范

广电接入网工程技术标准

Technical standard for broadcasting access network project

DG/TJ 08—2009—2021
J 13341—2021

主编单位：东方有线网络有限公司
批准部门：上海市住房和城乡建设管理委员会
施行日期：2022 年 4 月 1 日

U0336997

同济大学出版社

2022　上海

图书在版编目(CIP)数据

广电接入网工程技术标准 / 东方有线网络有限公司
主编. — 上海：同济大学出版社，2022.10
　ISBN 978-7-5765-0181-0

　Ⅰ.①广… Ⅱ.①东… Ⅲ.①接入网-技术标准-上
海 Ⅳ.①TN915.6-65

中国版本图书馆 CIP 数据核字(2022)第 040068 号

广电接入网工程技术标准

东方有线网络有限公司　主编

责任编辑　朱　勇
责任校对　徐春莲
封面设计　陈益平

出版发行　同济大学出版社　　www.tongjipress.com.cn
　　　　　(地址：上海市四平路 1239 号　邮编：200092　电话：021-65985622)
经　　销　全国各地新华书店
印　　刷　浦江求真印务有限公司
开　　本　889mm×1194mm　1/32
印　　张　2.75
字　　数　74 000
版　　次　2022 年 10 月第 1 版
印　　次　2022 年 10 月第 1 次印刷
书　　号　ISBN 978-7-5765-0181-0
定　　价　30.00 元

上海市住房和城乡建设管理委员会文件

沪建标定〔2021〕726 号

上海市住房和城乡建设管理委员会
关于批准《广电接入网工程技术标准》为
上海市工程建设规范的通知

各有关单位：

由东方有线网络有限公司主编的《广电接入网工程技术标准》，经我委审核，现批准为上海市工程建设规范，统一编号为 DG/TJ 08—2009—2021，自 2022 年 4 月 1 日起实施。原《有线网络建设技术规范》DG/TJ 08—2009—2016 同时废止。

本规范由上海市住房和城乡建设管理委员会负责管理，东方有线网络有限公司负责解释。

特此通知。

上海市住房和城乡建设管理委员会
二〇二一年十一月十七日

前　言

根据上海市住房和城乡建设管理委员会《关于印发〈2021年上海市工程建设规范、建筑标准设计编制计划〉的通知》(沪建标定〔2020〕771号)的要求,为贯彻国家宽带发展策略,顺应广播电视技术改造和转型升级,配合上海信息化建设的需要,由东方有线网络有限公司担任主编,组织有关单位对上海市工程建设规范《有线网络建设技术规范》DG/TJ 08—2009—2016进行了修订。

修订后的《有线网络建设技术规范》更名为《广电接入网工程技术标准》,与DG/TJ 08—2009—2016相比,主要变化如下:

1. 增加"基本规定"章节,将有关工程建设的整体要求单列一章,使标准层次更清晰、结构更合理。

2. 广电接入网建设方式改为广电光纤到户,以适用广播电视技术转型升级的要求。

3. 增加"测试"章节,明确广电接入网相关性能指标要求。

4. 增加"运行管理"章节,对网络运行管理提出要求,以提高广电接入网的运维质量,降低网络运行故障率。

本标准的主要内容包括:总则、术语、基本规定、设计、施工、测试、验收及运行管理等。

各单位及相关人员在执行本标准过程中,请注意总结经验,积累资料,并将有关意见和建议反馈至上海市广播电视局(地址:上海市大沽路100号;邮编:200003;E-mail:yj@scrft.com),东方有线网络有限公司(地址:上海市博霞路160号4楼;邮编:201203;E-mail:ctooffice@scn.com.cn),或上海市建筑建材业市场管理总站(地址:上海市小木桥路683号;邮编:200032;E-mail:

shgcbz@163.com），以供今后修订时参考。

主 编 单 位:东方有线网络有限公司

参 编 单 位:中广电广播电影电视设计研究院

上海邮电设计咨询研究院有限公司

华东建筑设计研究院有限公司

主要起草人:倪晨鸣　王正军　王明敏　茹伟光　谈宇华

刘　健　王小安　裴家兴　朱智钢　李会永

顾　群　瞿科锋　曹顺建　李　睿

主要审查人:刘丕国　关承运　尚　峰　林伟明　胡　煜

贺　樑　管云峰

上海市建筑建材业市场管理总站

目 次

Contents

1 总 则

1.0.1 为了满足本市信息化建设和发展的需要,促进本市的广电接入网向数字化、综合化、宽带化方向发展,从设计、施工、验收、运行管理上规范广电接入网建设,提高广电接入网的建设质量,特制定本标准。

1.0.2 本标准适用于本市新建民用建筑广电接入网的设计、施工、验收和运行管理,改建和扩建的民用建筑广电接入网的设计、施工、验收和运行管理参照执行。

1.0.3 本市广电接入网的建设,除应符合本标准外,尚应符合国家、行业和本市现行有关标准的规定。

2 术 语

2.0.1 广电接入网 broadcasting access network

由业务节点接口(SNI)和用户网络接口(UNI)之间的一系列传送实体组成,为广电业务提供所需传送承载能力。

2.0.2 广电接入网配套设施 broadcasting network accessory facilities

为民用建筑提供广电业务服务的基础设施,由广电接入机房、广电间、光缆交接箱、广电接入网管道、光缆、电缆、楼内弱电间(竖井)、暗管、用户信息配线箱及用户终端等组成。

2.0.3 用户网络 user network

用户网络是广播电视业务和宽带接入业务在用户单元内的物理传输通道,是光纤到户系统中位于用户端网络节点和用户网络终端之间的部分,由同轴电缆、分配器、八芯非屏蔽对绞电缆及光缆等组成。

2.0.4 用户端网络节点 user network node

连接 ODN 和用户网络,负责二者之间的数据转发。用户端网络节点由有线电视光接收机、ONU 等组成。

2.0.5 光纤到户 fiber to the home

指仅利用光纤媒质连接广电接入网局端和用户单元的接入方式,简称为 FTTH。

2.0.6 广电接入机房 access broadcasting network equipment room

用于安装住宅区/公共建筑内广电接入网设施的设备用房。

2.0.7 广电间 broadcasting equipment room

用于安装建筑物内广电接入网设施的设备用房,可与通信配套设施中的电信间合用。

2.0.8 高层住宅 high-rise dwelling building

十层及十层以上或高度大于 27 m 的住宅。

2.0.9 中高层住宅 medium high-rise dwelling building

七至九层且高度不大于 27 m 的住宅。

2.0.10 多层住宅 multi-stories dwelling building

四至六层的住宅。

2.0.11 低层住宅 low-rise dwelling building

一至三层的住宅。

2.0.12 别墅 villa

一般带有私家花园的低层独立式住宅。

2.0.13 光缆交接箱 optical cable cross-connecting cabinet

用于连接主干光缆和配线光缆的设备。

2.0.14 楼层配线箱 floor distribution box

设置在楼层内,具有光缆成端及分配功能的箱体。

2.0.15 用户单元 user unit

公共建筑指建筑内的分隔单元,住宅建筑指单套住宅。

2.0.16 用户信息配线箱 household telecom junction box

安装在用户单元内,具有广播电视及各类智能化信息传输、分配和转换(接)功能的配线箱体。

2.0.17 用户终端盒 cable network outlet

广电接入网信号引出端,分单孔和双孔两种,单孔用户终端盒即广播电视插座,双孔用户终端盒包含广播电视插座和数据插座。

2.0.18 光纤配线架 optical fiber distribution frames

光缆和光通信设备之间或光通信设备之间的配线连接设备,简称 ODF。

2.0.19 光分路器 optical fiber splitter

可以将一路光信号分成多路光信号以及完成相反过程的无源器件。

2.0.20 光缆接头盒 closure for optical fiber cables

为相邻光缆段间提供光学、电气、密封和机械强度连续性的保护装置。

2.0.21 非屏蔽对绞电缆 unshielded twisted pair cable

不带有任何电磁屏蔽物的对绞电缆,主要用于住户内布线。通常又称为 UTP 电缆。

2.0.22 同轴电缆 coaxial cable

指广播电视系统用、特性阻抗为 75 Ω 的物理发泡聚乙烯绝缘同轴电缆。

2.0.23 同轴对绞复合电缆 coaxial twisted pair composite cable

由射频同轴电缆与八芯非屏蔽对绞电缆组合而成的电缆。

2.0.24 光纤活动连接器 optical fiber connector

以单芯插头和适配器为基础组成的插拔式连接器,用于两根光纤实现光学连接的器件。

2.0.25 现场组装式光纤活动连接器 field-mountable optical connector

一种可在施工现场用机械方式在光纤或光缆的护套上直接组装而成的光纤活动连接器。通常称为"冷接头"。

2.0.26 波长段扩展的非色散位移单模光纤 extended wavelength band dispersion unshifted single-mode optical fiber

指零色散波长在 1 310 nm 处,波长在 1 550 nm 处衰减最小,并将可以使用的波长区域扩展至 1 360 nm～1 530 nm 段的光纤。该光纤的国内标准(GB)分类代号为 B1.3,目前其对应于 ITU-T 的标准分类代号为 G.652C 和 G.652D,对应于 IEC 的标准分类代号为 B1.3C 和 B1.3D。

2.0.27 接入网用弯曲损耗不敏感单模光纤 bending loss insensitive single mode optical fiber for the access network

具有改进的微弯性能,适合在建筑物内进行小弯曲半径安装的光纤。该光纤的国内标准(GB、YD)分类代号为 B6,其对应于

ITU-T 的标准分类代号为 G. 657,对应于 IEC 的标准分类代号为 B6。

2.0.28 尾纤 tail fiber

一根一端带有光纤连接器插头的单芯或多芯光缆组件。

2.0.29 跳纤 optical fiber jumper

一根两端均带有光纤连接器插头的单芯或多芯光缆组件。

2.0.30 室外引上管 the pipe of leading to ground

室外地下广电接入网管道的人(手)孔至地上建筑物外墙、电杆或室外设备箱之间的管道。

2.0.31 建筑物引入管 entrance pipe of building

地下广电接入网管道的人(手)孔与建筑物之间的地下连接管道,简称引入管。

2.0.32 分配器 splitter

将一个输入端口的电信号能量均等地分配到两个或多个输出端口的装置。

2.0.33 无源光网络 passive optical network(PON)

指由光线路终端(OLT)、无源光分配网(ODN)和光网络单元/终端(ONU/ONT)组成的点到多点的信号传输系统。

2.0.34 光分配网 optical distribution network(ODN)

指 OLT 与 ONU/ONT 之间的由光纤光缆及无源光器件(包括光连接器和光分路器等)组成的无源光分配网络。

3 基本规定

3.0.1 广电接入网的建设应符合市政规划的要求,并与周围环境、建筑类型和规模相协调。

3.0.2 广电接入网的建设应积极采用符合国家、广电行业及本市标准的新技术、新工艺、新材料、新产品,倡导节能和环保。

3.0.3 广电接入网工程采用的广播电视设备器材应具有相关主管部门颁发的广播电视设备器材入网证书。

3.0.4 广电接入网工程建设应符合现行国家标准《有线电视网络工程设计标准》GB/T 50200、《有线电视网络工程施工与验收标准》GB/T 51265 的要求。

3.0.5 广电网络配套设施建设工程的设计、施工、监理单位应具备相关主管部门认定的相应资质。

3.0.6 广电接入网配套设施的建设和管理应与建筑的规划、设计、建设和管理同步进行。

3.0.7 广电接入网配套设施工程应包括广电接入网管道和光(电)缆线路工程、设备安装工程、用户网络工程及移动通信网络配套设施建设工程。

3.0.8 广电接入网配套设施应根据建筑的类型、总体规划、相关规定、环境条件以及近、远期用户需求等因素统一规划,并根据网络设施进行综合管线的设计。设计必须保证网络建设的质量和安全,应考虑施工和维护方便,做到技术先进、经济合理、可持续发展。

3.0.9 移动通信配套设施建设应符合现行上海市工程建设规范《移动通信基站塔(杆)、机房及配套设施建设标准》DG/TJ 08—2301 及《住宅区和住宅建筑通信配套工程技术标准》DG/TJ

08—606 的要求。

3.0.10 新建住宅建筑广电接入网配套设施的专业分工应符合下列规定：

　　1 住宅区广电接入机房的土建工艺、住宅建筑内的广电接入网管网系统（包含楼层配线箱、用户信息配线箱在内）、用户终端盒和住户内广电接入网线缆、移动通信安装维护配套设施由建筑设计单位负责设计，住宅建设单位负责建设。

　　2 住宅区内广电管道、光缆、光纤配线架、光缆交接箱、住宅区内的光分路器、入户光缆及上述设施中端接光缆所需的器件安装由广电接入网配套设计单位负责设计，住宅建设单位负责建设。

　　3 自住宅区至广播电视运营服务提供机构网络的广电接入网管道、光缆、光分纤设备，住宅区广电接入机房内的广电接入网主设备及空调、电源等辅助设备，移动通信设备和线缆的安装以及广电间或楼层配线箱至移动通信覆盖设备安装位置的光缆敷设由广电接入网配套设计单位负责设计，广播电视运营服务提供机构负责建设。

3.0.11 公共建筑广电接入网配套设施的专业分工应符合现行上海市工程建设规范《公共建筑通信配套设施设计标准》DG/TJ 08—2047 中有关工作界面的相应条款的要求。

3.0.12 广电接入网工程的网络资源信息应按照广播电视运营服务提供机构的要求，录入其资源管理系统。

3.0.13 住宅区应为广电接入网管道单独设置管孔；与其他通信管道同沟敷设时，应单独设置广电接入网管道人（手）井。公共建筑广电接入网管道的设置应符合现行上海市工程建设规范《公共建筑通信配套设施设计标准》DG/TJ 08—2047 中有关通信管道设置的相应条款的要求。

3.0.14 光纤配线架、光缆交接箱、楼层配线箱、金属过路箱（盒）、金属暗盒、金属管路、金属桥架、用户信息配线箱等应有接地措施,当采用共用接地体时,接地电阻不应大于 1 Ω;室外光缆交接箱单独接地时,接地电阻不应大于 10 Ω。

3.0.15 给排水管、燃气管、热力管、电力管线等与广电接入网无关的管线不应穿越广电接入机房、广电间、宏站机房及弱电间(竖井)。

4 设 计

4.1 一般规定

4.1.1 建筑群广电接入网线缆应采用地下管道敷设方式,建筑物内管线应采用弱电间(竖井)、线槽或穿管等暗敷设方式。

4.1.2 广电接入网应采用光纤到户的接入方式,光分配网络(ODN)应采用双纤部署,一纤用于广播电视业务,一纤用于宽带接入业务。

4.1.3 广电接入网光缆应采用波长段扩展的非色散位移单模光纤的 B1.3(G. 625. D)类光纤,宜选用松套填充型、层绞式或束管式光缆结构。地下管道光缆的外护层应选用铝-聚乙烯粘结护套,光缆接头盒应采用密封防水结构,并具有防腐蚀,以及抗压力、张力和冲击力的能力。入户光缆应采用接入网用弯曲损耗不敏感单模光纤的 B6. a2(G. 657. A2)类光纤。

4.1.4 住宅区内的广电接入网管道、桥架应与其他广电接入网配套设施及移动通信配套设施包括机房、光缆交接箱、移动通信设施安装预留平台、小型杆站安装位置等相沟通,其沟通管道或桥架的数量及技术要求应符合本标准第 4.4.8 条及第 4.5.15 条的规定。公共建筑广电接入网管道应符合现行上海市工程建设规范《公共建筑通信配套设施设计标准》DG/TJ 08—2047 中有关通信管道的相应条款的要求。

4.2 广电光纤到户系统设计

4.2.1 广电光纤到户接入网应由广播电视与宽带接入系统头

端、光分配网络(ODN)、用户端网络节点、用户网络和用户网络终端五部分组成。光纤到户接入网组成如图4.2.1所示。

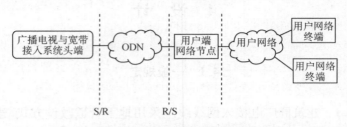

图 4.2.1 光纤到户接入网组成

4.2.2 广电光纤到户应采用双纤方式,广播电视业务和宽带接入业务应分别通过独立光纤传输,并以不同的光传输通道承载。光纤到户业务承载方式系统架构如图4.2.2所示。

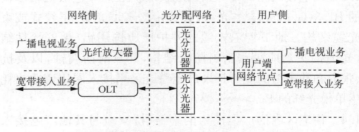

图 4.2.2 光纤到户业务承载方式系统架构

4.2.3 广电光纤到户传输通道应符合表4.2.3的要求。

表 4.2.3 广电光纤到户传输通道指标要求

项目	指标要求
光纤放大器输入光功率范围	4 dBm～10 dBm
光纤放大器输出光功率范围	16 dBm～24 dBm
有线电视光接收机设计接收光功率范围	−8 dBm～−3 dBm
PON 头端光模块输出光功率范围	2.5 dBm～7 dBm
ONU 设计接收光功率范围	−24 dBm～−3 dBm

4.2.4 用户网络传输通道应符合下列要求：

1 广播电视通道应采用特性阻抗为 75 Ω 的四屏蔽物理发泡同轴电缆,正向工作频率为 111 MHz～1 GHz,用户终端正向模拟频道设计电平要求为(68±3)dBμV。

2 数据传输通道宜采用 6 类及以上非屏蔽对绞电缆,其传输距离限值、各段线缆长度限值和各项指标均应符合现行国家标准《综合布线系统工程设计规范》GB 50311 等的相关规定。

4.3 广电接入机房及广电间设计

4.3.1 广电接入机房选址原则应符合下列要求:

1 接入机房宜选择建筑群的中心区域,宜设置在建筑物的地面一层,应选择在排水良好、地势较高的区域。接入机房不宜设在地下室的最底层,当地下仅有一层时,应采取适当的防水措施。广电接入机房宜独立设置,不得挪作他用;当与其他弱电机房共用时,应有相应的安全隔离措施。

2 接入机房宜选择在广电接入网主干管道附近,且管线进出方便的位置。地下广电接入网管道直接引入接入机房时,应敷设外径为 102 mm 或 114 mm 的无缝钢管,其数量要求应符合本标准第 4.4.6 条的规定。当地下广电接入网管道引入点与接入机房不相毗邻时,其间应敷设桥架沟通,桥架规格应符合本标准第 4.5.16 条～4.5.18 条的规定。

3 接入机房不应与水泵房及水池相毗邻,不应设置在卫生间、厨房或其他易积水房间的正下方。

4 接入机房应远离高低压变配电室、电机等有强电磁干扰源存在的场所。

4.3.2 广电接入机房周边应预留北斗天线安装位置。预留位置可以设置在楼顶或空旷地面,要求在水平面 30°以上空间无遮挡。应在预留位置架设一根 0.5 m 长、Φ50 mm 的抱杆。预留位置与接入机房间应预留走线管孔,走线距离不应大于 100 m。

4.3.3 广电接入机房形状宜为矩形,最小边净长度不应小于 3 m,使用面积应符合表 4.3.3 的规定。

表 4.3.3 广电网接入机房面积要求

机房类型	用户规模(户)	使用面积(m^2)
住宅小区	用户数≤1 000	20
	1 000<用户数≤2 000	≥25
	2 000<用户数≤4 000	≥35
	用户数>4 000	宜设分机房
公共建筑	用户终端容量<1 000 点	≥20
	每增加 1 000 点用户终端	增加 5

4.3.4 广电接入机房土建及防火应符合下列要求:

1 机房净高不应小于 2 600 mm。

2 机房应设置防雷和接地装置,应预留等电位接地端子箱。

3 机房的抗震设防烈度应不小于 7 级。

4 接入机房地板的等效均布活荷载不应小于 6 kN/m^2。当部分面积的荷载超重,应进行局部加固。

5 机房门窗应符合下列要求:

1) 机房门窗应具备防盗功能,宜设置安防监控系统,其配置可参见现行上海市地方标准《住宅小区智能安全技术防范系统要求》DB31/T 294,并应具有较好的防尘、防水、隔热、遮阳、抗风、防虫、防鼠功能;

2) 接入机房的门洞宽度不宜小于 1 200 mm,高度不宜小于 2 100 mm;

3) 机房门应采用甲级防火门。

6 机房内应预留空调冷凝水的排出通道,机房外墙应预留空调外机的安装位置。

7 机房防火应符合下列要求:

1) 机房耐火等级应不小于二级,宜设置火灾自动报警系

统,并符合现行国家标准的相关规定;

2）接入机房内不得有消防喷淋等设施;

3）接入机房不宜设置吊顶及铺设活动地板,室内装修材料应符合通信工艺的要求和现行国家标准《建筑内部装修设计防火规范》GB 50222 的相关规定;

4）接入机房所有的线缆孔洞必须采用不燃材料堵严密封,其耐火等级不应低于机房墙体的耐火等级。

4.3.5 广电接入机房环境应符合下列要求:

1 机房温度与相对湿度符合表 4.3.5 的规定,安装有源设备的接入机房应安装空调。

表 4.3.5 接入机房温、湿度要求

接入机房类型	温度(℃)	相对湿度
仅安装无源设备	−5～60	≤85%（+30℃)
安装有源设备	10～35	30%～80%

2 无源机房应保持通风,宜采用自然通风,并应维持工作人员操作时所必需的新风量。

3 接入机房应设置一般照明。住宅区机房其地面水平照度不应低于 150 lx,并应设置地面水平照度不低于 5 lx 的应急照明,应急照明的供电时间不应少于 30 min;照明灯具宜采用 LED 灯或三基色荧光灯,灯具位置宜布置在机柜列间,吸顶安装。公共建筑机房的照明要求应符合现行上海市工程建设规范《公共建筑通信配套设施设计标准》DG/TJ 08—2047 中有关照明的相应条款的要求。

4 接入机房内应清洁、防尘、防静电。防静电措施应符合现行行业标准《通信机房静电防护通则》YD/T 754 的要求。

5 接入机房内电场磁场强度应符合现行行业标准《通信局(站)机房环境条件要求与检测方法》YD/T 1821 中关于电磁场干扰要求的相关规定。

4.3.6 广电接入机房内的设备安装应满足以下要求：

1 接入机房机柜双面操作的机柜列间距离不宜小于1 200 mm，单面操作的机柜列间距离不宜小于1 000 mm；机面距墙不应小于800 mm；蓄电池组维护间距不应小于400 mm；单面操作的机柜其机背可以靠墙安装；机房主要走道宽度不宜小于1 000 mm，次要走道宽度不宜小于800 mm。

2 接入机房宜采用上走线方式布线。

3 接入机房广电线缆与电源电缆必须分开敷设。当广电接入机房与其他智能化系统合用机房时，广电线缆应与其他与通信无关的系统的线缆分桥架敷设，跳纤应与其他线缆分桥架敷设。

4 广电接入机房与住宅小区通信配套中心机房合并设置时，与其他电信业务经营者的设施应分机柜安装。

5 机柜的安装应按七度抗震设防进行加固，其加固方式应符合现行行业标准《电信设备安装抗震设计规范》YD 5059 的有关要求。

6 广电接入机房与住宅小区通信配套中心机房合并设置时，机房内的电源设备、空调等辅助设备可采用共建共享方式建设。

4.3.7 广电接入机房的电源及接地应满足以下要求：

1 接入机房应由机房所在建筑的配电间引入三相交流市电，并应采取雷击电磁脉冲防护措施，防雷要求应符合现行国家标准《通信局站防雷与接地工程设计规范》GB 50689 的规定。电源负荷等级不宜低于二级。

2 接入机房应设置配电箱和电能计量表，配电总容量应符合表4.3.7的要求，箱内应预留不少于6个单相配电断路器。

表 4.3.7 接入机房用电容量配置

建筑类型	规模	用电容量配置(kW)
住宅小区	2 000 户以下	≥7
	2 001 户～4 000 户	≥10

建筑类型	规模	用电容量配置(kW)
公共建筑	<2 000 个用户终端	≥7
	每增加 1 000 个用户终端	增加 3

3 接入机房宜采用共用接地方式,并在机房内预留接地端子箱,接地电阻不应大于 1 Ω。

4 接入机房应设置 10 A 单相两极和单相三极组合电源插座。接入机房每侧墙面设置的电源插座数量不应少于 2 组。电源插座应嵌墙安装,下底距地坪高度 300 mm。

4.3.8 广电间的设置应符合现行上海市工程建设规范《公共建筑通信配套设施设计标准》DG/TJ 08—2047 及《住宅区和住宅建筑通信配套工程技术标准》DG/TJ 08—606 中有关电信间的相应条款的要求。

4.3.9 接入机房所在的住宅单元可不设置广电间,但接入机房应与该住宅内的广电管网相连通,且该接入机房的使用面积宜适当增大。

4.3.10 住宅区广电间应与小区内地下广电接入网管道及所在建筑内广电管网相沟通,其沟通管道或桥架的数量及技术要求应符合本标准第 4.4.9 条、第 4.5.24 条及第 4.5.27 条的规定。

4.3.11 住宅建筑广电间的使用面积应符合表 4.3.11 的规定。

表 4.3.11 广电间使用面积

住宅分类	广电间使用面积(m²)
高层住宅	≥6.0
中高层住宅	≥4.0
非别墅类多层住宅	≥1.5

注:非别墅类的低层、别墅类住宅设广电间时,其使用面积不宜小于 1.0 m²。

4.3.12 广电间应引入 220 V 电源并设置配电箱,用电容量配置应符合表 4.3.12 的规定。

表 4.3.12　广电间用电容量配置及插座配置

住宅分类	用电容量配置(kW)	组合电源插座组(组)
高层住宅(地下建筑＞1 层)	≥3	2
高层住宅(地下建筑为 1 层)、中高层住宅	≥2	2
非别墅类多层住宅(带公共地下建筑)	≥1.5	1

注:非别墅类的低层、别墅类住宅设广电间时,其用电量配置参照多层住宅。

4.3.13　对于低层、别墅类等无公共部位的建筑,宜在隐蔽、安全、不易受外力损伤、便于施工维护的地点设置室外光缆交接箱。室外光缆交接箱应与住宅区地下广电接入网管道沟通,管道数量及技术要求应符合本标准第 4.4.8 条的规定。

4.3.14　室外光缆交接箱应能适应室外环境,具有防尘、防水、防结露、防冲击及防盗功能。箱体的防护性能应达到 IP55 级的要求,其他要求应符合现行行业标准《通信光缆交接箱》YD/T 988 的规定。

4.4　地下管道设计

4.4.1　地下广电接入网管道的走向和管群方式应与城市主干通信管道和其他地下管线规划相适应。

4.4.2　地下广电接入网管道的路由宜选在人行道或车道下,手孔不宜设在车道下。不宜与电力、燃气管安排在道路的同路侧。进入建筑物管道的位置及方位应根据建筑总体管线规划确定。

4.4.3　建筑区域内的地下广电接入网管道应有不少于两个方向与广电接入网公共管网相连接。

4.4.4　地下广电接入网管道与其他管线及建筑物的最小净距,应符合表 4.4.4 的规定。

表 4.4.4　地下广电接入网管道与其他管线及建筑物间的最小净距

地下管线名称		平行净距(m)	交叉净距(m)
给水管	300 mm 以下	0.5	0.15
	300 mm～500 mm	1	
	500 mm 以上	1.5	
污水、排水管		1.0[1]	0.15[2]
热力管		1	0.25
煤气管	压力≤300 kPa(压力≤3 kg/cm²)	1	0.3[3]
	300 kPa<压力≤800 kPa (3 kg/cm²<压力≤8 kg/cm²)	2	
电力电缆	35 kV 以下	0.5	0.5[4]
	35 kV 及以上	2	
高压铁塔基础边	35 kV 及以上	2.5	
通信电缆或通信管道		0.5	0.25
绿化	乔木	1.5	—
	灌木	1	—
地上杆柱		0.5	—
马路边石边缘		1.0	
已有建筑红线(或基础)		2.0	
规划建筑红线(或基础)		1.5	

注:1. 主干排水管后敷设时,其施工沟边与管道间的水平净距不宜小于 1.5 m。
　　2. 当管道在排水管下部穿越时,净距不宜小于 0.4 m。
　　3. 在交越处 2 m 范围内,煤气管不应做接合装置和附属设备。
　　4. 如电力电缆加保护管时,净距可减至 0.15 m。

4.4.5 广电接入网管道管顶至路面的埋设深度宜为 0.7 m～
1.0 m,管顶至路面的埋设深度不应低于表 4.4.5 的要求。当最
小埋深达不到要求时,应采用混凝土包封或钢管保护。

表 4.4.5　路面至管道顶的最小埋深(m)

管材类别	绿化带	人行道	车行道
塑料管	0.5	0.7	0.8
无缝钢管	0.3	0.5	0.6

4.4.6　地下广电接入网管道可采用塑料管或无缝钢管,当在穿越车行道段时应采用无缝钢管。管道的容量应按远期光、电缆的条数及备用管孔数确定。管道容量、管材、管径要求应符合表 4.4.6 的规定。

表 4.4.6　地下广电接入网管道的容量、管材、管径表

敷管区间	管道容量(孔)	其中备用管孔数(孔)	管材	管外径(mm)
广电接入网公共管网管道～区域管道	3～5	2	塑料管	110
			无缝钢管	102
区域管道～接入机房	4～10	2	无缝钢管	102/114
区域内主干管道	4～8	≥2	塑料管	110
			无缝钢管	102
区域内支线管道	2～6	1～2	塑料管	110
			无缝钢管	89

注:无缝钢管管壁厚度不应小于 4 mm,塑料管如选用 PVC 波纹管时,管外径/内径应为 110 mm/100 mm。

4.4.7　管道铺设应设有坡度,管道坡度宜为 3‰～4‰,不得小于 2.5‰。

4.4.8　住宅区广电接入网管道至室外光缆交接箱的室外引上管宜采用外径 89 mm(壁厚 4 mm)的无缝钢管,孔数宜为 3 孔～5 孔;至小区通信综合杆的室外引上管宜采用外径 89 mm(壁厚 4 mm)的无缝钢管,孔数宜为 2 孔～3 孔。

4.4.9　住宅区广电接入网管道至建筑物的引入管应采用无缝钢管。建筑物引入管的数量、管径、管壁厚度宜按表 4.4.9 的规定执行。公共建筑广电建筑物引入管应符合现行上海市工程建设

规范《公共建筑通信配套设施设计标准》DG/TJ 08—2047 中有关建筑物引入管的相应条款的要求。

表 4.4.9   建筑物引入管的数量、管径、管壁厚度

建筑物类型	管孔数(孔)	无缝钢管(外径)(mm)	管壁厚度(mm)
多层住宅	2～3	76	4
中高层、30 层或以下高层住宅	4～6	89	4
30 层以上高层住宅	4～6	102	4.5
别墅住宅	1	32	3

4.4.10 建筑物土建施工时应预埋与广电管道对接的引入管道,预埋长度应伸出外墙 2 m,预埋管应以 1‰～2‰ 的斜率朝下向室外倾斜。

4.4.11 红线内人(手)孔井的基础和盖板的混凝土标号不宜小于 C20,井壁可采用混凝土或其他非黏土类的砌体材料。人(手)孔井规格应符合表 4.4.11 的规定。

表 4.4.11   红线内人(手)孔井规格

管道管孔数(孔)	人(手)孔井内净尺寸(长×宽×高)(mm)	备注
1,2	600×600×800	手孔(不设光、电缆接头,仅作建筑物引入管接口用)
3～6	1 500×900×1 200	手孔井
6～9	1 800×1 200×1 800	人孔井
9～12	2 000×1 400×1 800	人孔井
>12	2 400×1 400×1 800	人孔井

4.4.12 广电接入网管道人(手)孔井间距不应大于 120 m,且同一段管道不得有"S"弯。管道的曲率半径不宜小于 20 m。

4.4.13 人(手)孔位置的选择应符合下列规定:

   1 在管道拐弯处、管道分支点、光缆交接箱(室外箱体)、通

信综合杆、交叉路口、道路坡度较大的转折处、建筑物引入处、采用特殊方式过路的两端等场合,宜设置人(手)孔。

2 人(手)孔位置应与燃气管、热力管、电力电缆管、排水管等地下管线的检查井相互错开,其他地下管线不得在人(手)孔内穿过。

3 人(手)孔位置不应设置在建筑物的主要出入口、货物堆积、低洼积水等处。

4.5 建筑内管网设计

4.5.1 建筑内广电管网的容量除应满足近期线缆设计的要求外,还应考虑远期的发展规划。

4.5.2 建筑内广电管网的设计应与其他智能化系统管网统筹规划、相互协调,明确路由走向、桥架和管道的容量。

4.5.3 建筑内广电管网应包括弱电间(竖井)内垂直桥架、竖向暗管、水平桥架、楼层挂壁(或壁嵌)式配线箱、过路箱(盒)、用户信息配线箱等。

4.5.4 竖向暗管、垂直和水平桥架、楼层挂壁(或壁嵌)式配线箱、过路箱(盒)等应设置在建筑的公共部位;各类配线箱和过路箱(盒)等不应设置在楼梯踏步的侧墙上。

4.5.5 楼层挂壁(或壁嵌)式配线箱的安装高度宜为箱体底边距地面 1.3 m。有源配线箱内应预留 220 V 电源插座。

4.5.6 建筑内广电接入网管线应采用桥架或暗管的敷设方式。楼内竖向暗管应采用厚壁钢管。楼内水平暗管在地下室、底层、屋顶层等潮湿场所均应采用厚壁钢管(管壁厚度不小于 2.0 mm),在其他楼层宜采用阻燃硬质聚氯乙烯管或薄壁钢管(管壁厚度不小于 1.5 mm)。当有强电干扰影响时应采用钢管,并应有接地措施。

4.5.7 楼层配线箱宜采用 1 根 DN25 的暗管接至用户信息配线箱;用户信息配线箱至用户终端盒之间宜采用 1 根 DN25 的暗管

连接。

4.5.8 暗管敷设不宜穿越建筑的变形缝,当必须穿越时应采取补偿措施。

4.5.9 在暗管弯曲敷设时,每一段内弯曲不得超过 2 次,且不得有"S"弯。当建筑内暗管的直线段长超过 30 m 或段长超过 15 m 并且有 2 个以上的 90°弯角时,应设置过路盒。

4.5.10 穿放电缆的导管内部须光滑,不应有扁曲或节痕,导管弯曲时应尽可能有较大的曲率半径(曲率半径应大于管外径的 6 倍;当暗管外径不小于 50 mm 时,其曲率半径应大于管外径的 10 倍;暗管的弯曲角度不得小于 90°)。

4.5.11 建筑内竖向和水平暗管可在一个管孔内同时一次敷设多条线缆。一管多缆时其管截面利用率不应大于 30%,一管一缆时其管径利用率不应大于 60%。

4.5.12 建筑内广电接入网线缆不应与燃气管、热力管、电力线合用同一弱电间(竖井)。广电接入网线缆宜敷设在广电专用桥架内,也可与其他通信或智能化线缆敷设在同一桥架内。

4.5.13 楼层挂壁(或壁嵌)式配线箱及过路箱应有防潮、防尘功能及锁定装置,箱体的防护性能应达到 IP53 级的要求。

4.5.14 引入楼层配线箱的竖向暗管应安排在箱内一侧,水平暗管可安排在箱内的中间部位。

4.5.15 接入机房与本建筑物的广电间/弱电间(竖井)之间、广电间与弱电间(竖井)之间、移动通信安装维护配套设施及楼顶天线预留位置与弱电间(竖井)之间、电梯井道的上下两端与弱电间(竖井)之间应用桥架或暗管相连通。

4.5.16 在容易积灰尘的环境中应采用带有盖板的桥架,在有强电干扰影响的环境中应采用带有盖板的金属桥架。桥架规格应按照远期敷设的光、电缆数量确定,并应满足远期线缆填充率不大于 60%。

4.5.17 水平桥架在无吊顶空间内敷设时,水平桥架底部距地不宜小于 2.2 m,顶部距楼板不宜小于 300 mm。桥架在过梁或其他障碍物处的间距不宜小于 100 mm。

4.5.18 水平桥架在吊顶内敷设时,桥架底在吊顶主筋上 100 mm～300 mm,地下室明装水平桥架安装在梁下,距其他桥架不小于 200 mm,线缆桥架和钢管均须连续可靠的接地,并按照有关规定进行接地连接与防火堵塞。

4.5.19 建筑内广电接入网线缆与电力电缆的间距不应小于表 4.5.19 的规定。

表 4.5.19　广电接入网线缆与电力电缆的间距

电力电缆类别	与广电接入网电缆安装状况	最小净距(mm)
380 V 电力电缆＜2 kVA	与缆线平行敷设	130
	有一方在接地的金属线槽或钢管中	70
	双方都在接地的金属线槽或钢管中	10
380 V 电力电缆(2～5)kVA	与线缆平行敷设中	300
	有一方在接地的金属线槽或钢管中	150
	双方都在接地的金属线槽或钢管中	80
380 V 电力电缆＞5 kVA	与线缆平行敷设中	600
	有一方在接地的金属线槽或钢管中	300
	双方都在接地的金属线槽或钢管中	150

注:双方都在接地的线槽中,系指两个不同的线槽,也可在同一线槽中用金属板隔开,且平行长度不大于 10 m。

4.5.20 建筑内高大空间等不宜在吊顶内设置电缆桥架的场所,可采用防水型地面线槽和地面出线盒的形式进行线缆敷设。

4.5.21 线缆桥架穿越建筑防火分区时,应进行防火封堵。

4.5.22 穿过地下室人防区域的临空墙、防护密闭隔墙和密闭隔墙的各种管线和预留备用管,应进行防护密闭或密闭处理,应选用管壁厚度不小于 2.5 mm 的热镀锌钢管。

4.5.23 高层、中高层住宅建筑内广电管网应采用弱电间(竖井)上升形式。

4.5.24 高层、中高层住宅建筑弱电间（竖井）内应敷设桥架，弱电间（竖井）内垂直段应采用梯级式、托盘式或加有横档槽式桥架，管线穿越楼板可开设楼板预留孔。高层、中高层住宅建筑弱电间（竖井）内的桥架、楼板预留孔的最小尺寸宜按表 4.5.24-1 和表 4.5.24-2 的规定确定。

表 4.5.24-1　高层住宅弱电间（竖井）内桥架、楼板孔洞尺寸（mm）

总层数（层）	楼层	桥架尺寸（宽×高）	楼板孔洞尺寸（宽×深）
18	地下室及 1 层～18 层	200×100	300×200
24	地下室及 1 层～24 层	200×100	300×200
30	地下室及 1 层～24 层	300×150	400×250
	24 层～30 层	200×100	300×200
30 以上	地下室及 1 层～24 层	400×200	500×300
	24 层～30 层	300×150	400×250
	30 层及以上	200×100	300×200

注：广电间至弱电间（竖井）之间的桥架尺寸不应小于竖向桥架的最大尺寸。

表 4.5.24-2　中高层住宅弱电间（竖井）内桥架、楼板孔洞尺寸（mm）

楼层	桥架尺寸（宽×高）	楼板孔洞尺寸（宽×深）
地下室及 1 层～5 层	150×75	250×150
5 层～9 层	100×50	200×120

注：广电间至弱电间（竖井）之间的桥架尺寸不应小于竖向桥架的最大尺寸。

4.5.25 弱电间（竖井）的留洞应在每层楼板处用相当于楼板耐火极限的不燃材料作防火分隔。

4.5.26 多层、低层住宅建筑内广电管网宜采用弱电间（竖井）上升形式，也可采用暗管上升形式。当采用弱电间（竖井）上升形式时，应设置楼层挂壁式配线箱；当采用暗管上升形式时，应设置楼层壁嵌式配线箱。

4.5.27 多层、低层住宅建筑弱电间(竖井)内的桥架、楼板预留孔的配置宜按表 4.5.27 的规定确定。

表 4.5.27　多层、低层住宅弱电间(竖井)内桥架、楼板孔洞尺寸(mm)

楼层	桥架尺寸 (宽×高)	楼板孔洞尺寸 (宽×深)
地下室及 1 层~6 层	150×75	250×150

4.5.28 多层、低层住宅建筑内的弱电竖向广电暗管配置应符合表 4.5.28 的规定。

表 4.5.28　多层、低层住宅建筑内弱电竖向广电暗管配置

竖向暗管段落	管径(mm)	管孔数(孔)	备注
(地下室及 1 层~2 层) 上下楼层配线箱之间	公称口径:50	2	厚壁钢管,壁厚 3 mm
(2 层~6 层)上下楼层配线箱之间	公称口径:50	1	厚壁钢管,壁厚 3 mm

4.5.29 独栋别墅住宅建筑采用暗管上升形式时,其广电管网配置应符合表 4.5.29 的规定。

表 4.5.29　独栋别墅住宅楼内广电暗管配置

暗管名称	段落	管径 (mm)	管孔数 (孔)	备注
建筑物引入管	住宅区广电管道~ 用户信息配线箱	外径:25	1	无缝钢管, 壁厚 3 mm
竖向暗管	用户信息配线箱 (过路盒)~过路盒	公称口径:25	1	阻燃硬质聚氯 乙烯管或钢管
水平暗管	用户信息配线箱 (过路盒)~用户终端盒	公称口径:25	1	阻燃硬质聚氯 乙烯管或钢管

4.5.30 楼层挂壁式或壁嵌式配线箱的最小尺寸应符合表 4.5.30 的规定。

表 4.5.30 楼层配线箱的最小尺寸(mm)

配线箱种类	箱内净最小尺寸			备注
	高	宽	深	
挂壁式配线箱	400	350	120	用于安装光分路器,所辖住户不超过 16 户,所辖楼层上下各不超过 4 层;楼层用户数较多的,宜适当增加楼层配线箱的数量
壁嵌式配线箱	450	400	150	

4.5.31 每用户单元内应设置用户信息配线箱。箱体容量应能满足广电接入网及通信网络设施的远期需求,还应为其他智能化设施预留安装空间。箱内应预留 220V 电源插座,用电负荷宜按不小于 50 W 配置。

4.5.32 用户信息配线箱应满足广电接入网有线电视光接收机、ONU 设备的安装要求。用户信息配线箱底盒尺寸应不小于 500 mm(宽)×350 mm(高)×120 mm(深),箱门材料宜采用非金属复合材料,门上应留有散热孔。箱内应配置单相带保护接地的 220 V/10 A 两极和三极组合电源插座 4 个。其他技术要求应符合现行上海市地方标准《住宅信息配线箱通用技术条件》DB31/T 289 的规定。用户信息配线箱内部布局参见本标准附录 A。

4.5.33 用户信息配线箱宜设置在便于操作和维修的位置。用户信息配线箱宜低位安装,箱体底边距地应不小于 300 mm。

4.5.34 住宅内卧室、起居室、书房等房间应设置电视、数据双孔用户终端盒,其中,广播电视模块应带有屏蔽功能。

4.5.35 公共建筑的会议室、多功能厅、食堂、宴会厅、展厅、等候休息区等场所应设置电视、数据双孔用户终端盒。

4.5.36 用户终端盒应嵌墙安装,盒体安装高度应为下底距地坪 300 mm。

4.6 光分配网(ODN)及线缆设计

4.6.1 光分配网(ODN)部署宜符合以下要求：

1 ODN 部署模型如图 4.6.1 所示。

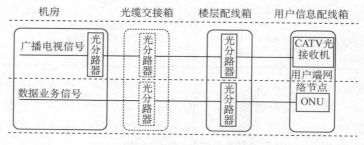

图 4.6.1 ODN 部署模型

2 光分配网络(ODN)应采用双纤部署,光缆网的网络拓扑宜采用树型结构。

3 机房处和末级光分路器处宜采用活动连接方式。

4 ODN 广播电视传输通道宜采用二级或三级分光形式,最大设计单元宜为 512 户,即 ODN 总分光比为 1：512。第一级分光可设置在机房,第二级分光可设置在光缆交接箱,第三级分光宜设置在楼层配线箱。

5 ODN 数据传输通道宜采用两级分光形式,最大设计单元宜为 64 户,即 ODN 总分光比为 1：64。第一级分光可设置在光缆交接箱,第二级分光宜设置在楼层配线箱。

6 楼层配线箱单方向所辖楼层不宜超过 4 层,所辖用户数不宜超过 16 户。

4.6.2 住宅区光缆交接箱接入光纤资源宜按不小于 2 芯/光分路器配置。

4.6.3 楼层配线箱的接入光纤数量应符合以下要求：

1 当楼层配线箱内设置光分路器时,进入该箱的光纤数量应按不小于 2 芯/光分路器进行配置。

2 当楼层配线箱内不设置光分路器时,进入该箱的光纤数量应根据该箱所辖的用户数按 2 芯/户进行配置。

4.6.4 入户光纤容量应按 2 芯/户配置,别墅类住宅可按 4 芯/户配置。

4.6.5 光纤到户接入网 ODN 光通道损耗应包括 S/R 和 R/S(S:光发送参考点;R:光接收参考点)参考点之间所有光纤和无源光元件所引入的损耗。光通道损耗应按照公式(4.6.5)计算,应采用最坏值法计算,全网光通道损耗应满足本标准表 4.2.3 的要求。

$$光通道损耗 = L \times a + n \times b + c \tag{4.6.5}$$

式中:a——光纤每公里平均损耗(dB/km);

L——光纤总长度(km);

b——连接器损耗(dB),每一对连接器损耗取 0.3 dB;

n——连接器的数目;

c——光分路器损耗(dB),要分别考虑多个光分路器造成的损耗。

4.6.6 光缆的选择宜符合以下规定:

1 非别墅类建筑入户光缆宜选用普通蝶形引入光缆,别墅宜使用管道蝶形引入光缆。

2 入户光缆宜采用非金属加强芯蝶形光缆。

3 光纤到户接入网入户 2 芯光纤色谱宜为:蓝、橙,蓝色光纤用于宽带接入业务,橙色光纤用于广播电视业务。

4 光纤到户接入网宜采用预制成端蝶形引入光缆入户至用户信息配线箱。

4.6.7 光纤活动连接器应符合下列规定:

1 光纤活动连接器的性能和指标应符合现行行业标准《光

纤活动连接器可靠性要求及试验方法》YD/T 2152 的有关规定。

2 连接宽带业务设备用的光纤应选用 SC/PC 或 SC/UPC 适配器。

3 连接广播电视业务设备用的光纤应选用 SC/APC 适配器。

4 光缆交接箱宜统一配置 SC/APC 光纤活动连接器。

5 光分路器宜统一配置 SC/APC 光纤活动连接器。

4.6.8 室外光缆敷设安装的最小曲率半径应符合下列要求：

1 敷设过程中不应小于光缆外径的 20 倍。

2 安装固定后不应小于光缆外径的 10 倍。

4.6.9 入户光缆敷设安装的最小曲率半径应符合所选引入光缆相应的技术要求。

4.6.10 光纤的接续以及光缆与尾纤的成端接续应采用熔接法，每个接续点的熔接损耗值应符合表 4.6.10 的要求。

表 4.6.10 单模光纤熔接损耗要求(dB)

单纤		光纤带	
双向平均值	单向最大值	双向平均值	单向最大值
≤0.06	≤0.10	≤0.12	≤0.25

4.6.11 在一个管孔内敷设多条光缆时，当管孔内径大于光缆外径 3 倍及以上时，可在原管孔内敷设一根或多根子管，子管的总等效外径不应超过原管孔内径的 85%，光缆的外径不宜大于子管内径的 90%。光缆的子管宜采用外径/内径为 32 mm/28 mm 的聚乙烯(PE)管。一个管孔内应一次敷足子管。子管在人(手)孔之间的管道内不应有接头。子管在人(手)孔内伸出长度宜至第一根电缆搁架后 150 mm。工程中暂时不用的子管管口应堵塞。

4.6.12 管道光缆在每个人(手)孔中弯曲的预留长度宜为 1.0 m，在接入机房前的人孔中宜预留 15 m～20 m。光缆接头处每侧的预留长度宜为 5 m～8 m。

4.6.13 光缆及其接头应设置在人(手)孔壁一侧的电缆托板上，并应设置光缆标志牌。

4.6.14 穿越楼板预留孔敷设光缆后,预留孔应采用耐火极限不低于 1.5 h 的不燃材料封堵。

4.6.15 各段光缆在敷设后应作端接。光缆为端接所预留的长度宜为:广电接入机房内 3 m～5 m;广电间或楼层箱内 1 m;用户信息配线箱内 0.5 m。

4.7 用户网络设计

4.7.1 用户网络的部署应符合以下要求:

  1 用户网络组成如图 4.7.1 所示。

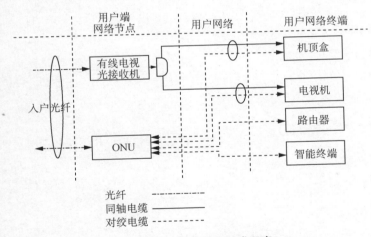

图 4.7.1 用户网络组成示意

  2 用户网络布线应采用同轴对绞复合电缆,根据用户终端盒的位置敷设到位;同轴电缆应采用特性阻抗为 75 Ω 的四屏蔽物理发泡同轴电缆,8 芯非屏蔽对绞电缆宜为 6 类及以上非屏蔽对绞电缆。

3 用户信息配线箱内分配器端口应按用户单元内用户终端盒的数量配置。

4 分配器应采用室内型器件,端口均应采用英制标准螺纹,输出口应外接具有隔直流电功能、插入损耗小的高通滤波器。

5 分配器不使用的端口,必须用 75 Ω 匹配负载进行端接。

6 用户终端应采用双孔用户终端盒,射频输入和输出接口为英制 F-female 型,网络输入应支持 T568B 端接线序,输出为 RJ45 接口。

4.7.2 光纤入户后,有线电视光接收机、ONU 设备应安装在用户信息配线箱内,通过光纤适配器连接。

4.7.3 用户单元内同轴电缆网应采用分配形式,用户端网络节点设备输出的 RF 信号通过分配器分配到多个用户终端。

5 施 工

5.1 施工前检验

5.1.1 工程所用器材型号、规格、数量和质量在施工前应进行检查,无出厂检验合格证的器材不应在工程中使用。

5.1.2 经检验的器材应做好记录,不合格的器材应单独存放,不得使用。工程中使用的线缆、器材应与设计要求的规格、型号及等级相符。

5.1.3 线缆检验应符合下列要求:

1 光缆、电缆所附标志、标签内容应齐全、清晰。

2 光缆、电缆应附有出厂质量检验报告、合格证、入网许可证等。

3 光缆、电缆开盘后应先检查线缆外表有无损伤、端头封装是否完好,充气型光、电缆还应检查气压情况。对每盘光、电缆进行盘测,并与出厂的检验报告进行核对。所有测试数据应保存归档。

4 接续模块、成端模块、电缆接头、分支分配器、用户终端盒、光纤插座连接器及其他接插件的部件应完整,型号、数量和安装位置和材质应符合设计要求。

5.2 设备和器材安装

5.2.1 机柜的安装应符合下列要求:

1 机柜安装应符合设计要求。

2 安装机柜防震底座,划线定位,预埋膨胀螺栓,并调平、对齐。

3 机柜安装在防震底座上,调整水平后,拧紧所有螺栓将其预固定。

4 机柜的垂直偏差不应大于机柜高度的 1‰。

5 安装机柜架顶支撑,对机柜进行抗震加固,螺旋必须全部紧固。

6 机柜线缆铺设后,进行机柜门板、侧板安装。

5.2.2 光纤配线架的安装应符合下列要求:

1 开箱检验,核对配件应齐全,光纤配线架(简称 ODF)的型号、规格数量应符合设计要求,并根据设计图纸或产品说明书装配。

2 按照设计图纸确定 ODF 的安装位置,施工必须严格按照设计确定位置安装。

3 安装 ODF,并检查垂直度,偏差不应大于 3 mm,校正后拧紧安装固定螺栓。

4 ODF 的安装与接地应符合设计要求。

5 抗震加固应符合设计要求。

6 单元框的安装应牢固,同一机柜内的单元框应在同一平面内。

7 光纤终端单元的抽插或转动应灵活,抽插或转动时不应影响活动连接器的连接。

8 机柜间走纤槽道的连接应牢靠,走纤槽道内壁不得有毛刺。

9 光纤连接线的型号、规格应符合设计要求,余长不应超过 1 m,敷设应整齐,静态曲率半径不应小于 30 mm。

5.2.3 配套电源的安装应符合下列要求:

1 接入机房配套电源应安装计量表、断路器、防雷等装置,配电容量应符合设计要求。

2 电源线缆的敷设应采用穿线管、桥架、线槽明敷,但不得直接敷设在地坪上,每路电源线中间不得有接头。

3 电源线与广电线缆之间的间距应符合本标准表 4.5.19 的规定。

5.2.4 接地的安装应符合下列要求:

1 接入机房宜采用共用接地方式,并在机房内预留等电位接地端子,接地电阻应符合设计要求。

2 金属走线架、金属桥架应接地,每节走线架之间应做好电气导通,接地电阻应符合设计要求。

3 接地线的规格型号和连接位置应符合设计要求。

4 接地引入线与箱体接地排的连接应可靠。

5 室外箱体接地安装应符合如下要求:

    1)室外箱体应采用独立接地体,接地电阻应符合设计要求。

    2)室外箱体、基座和模块支架等金属部件应与同一接地装置连接。

    3)室外箱体接地施工应注意操作安全,防止接地体埋入地下时损坏其他管线。

5.2.5 光缆交接箱的安装应按现行上海市工程建设规范《住宅区和住宅建筑通信配套工程技术标准》DG/TJ 08—606 有关室外光缆交接箱的安装要求执行。

5.3 地下管道施工

5.3.1 施工前应根据设计图纸进行现场划线定位,管道的路由、管位应符合设计要求。

5.3.2 广电接入网管道的规格、程式和管群断面组合,应符合设计要求。

5.3.3 各种材质的广电接入网管道,管顶至路面的埋设深度应符合设计要求。当达不到要求时,应采用混凝土包封或钢管保护。

5.3.4 广电接入网管道与其他管线及建筑物的最小净距应符合设计要求。

5.3.5 红线内地下广电接入网管道施工按照现行上海市工程建设规范《住宅区和住宅建筑通信配套工程技术标准》DG/TJ 08—606有关通信管道的施工要求执行。

5.4 建筑内管网施工

5.4.1 暗配线管施工符合下列要求:

1 弱电间(竖井)、引入管、走线槽、楼层配线箱、过路箱应设置在建筑物公共部位。多层及中高层住宅弱电间(竖井)中的上升管、楼层配线箱宜采用预埋形式。上升管的管材、管径及数量应符合设计要求,并应按设计文件确定的尺寸敷设走线槽。

2 线缆建筑物引入管以埋地方式引入时,预埋管的规格、数量应符合设计要求。

3 住宅每户水平配线管的数量、管材配置应符合设计要求。水平配线管可采用 PVC 塑料管或金属管。

4 配线管直线段敷设时,每隔 30 m 应加装一只过路箱(盒)。管材弯曲敷设时,每段长度应小于 15 m,每段管子的弯曲次数不应大于 2 次,且不应形成"S"弯。电缆预埋管的曲率半径应大于管子外径的 10 倍,进入住宅内的暗管曲率半径应大于管子外径的 6 倍。

5 预埋暗管不宜穿越建筑物的沉降缝和伸缩缝。在暗配管内进行线缆敷设前,应检查管径、管位是否符合要求,管内引线是否畅通。

5.4.2 线缆桥架和线槽施工符合下列要求:

1 线缆线槽、桥架安装的最低高度宜高出地坪 2.2 m 以上。线槽、桥架顶部距楼板不宜小于 300 mm,在过梁或其他障碍物处不宜小于 100 mm。

2 金属桥架水平敷设时,在下列情况下应设置支架或吊架:

    1) 桥架接头处;

    2) 每间隔 2 m 处;

    3) 距桥架终端 0.5 m 处;

    4) 转弯处。

3 线槽垂直敷设固定点直线距离不应大于 2 m,距终端及进出箱(盒)不应大于 0.3 m,安装应做到垂直、排列整齐、紧贴墙体。

4 线槽不应在穿越楼板或墙体处进行连接。

5.4.3 楼层配线箱的安装应符合下列要求:

1 楼层配线箱的型号、规格、安装位置应符合设计要求,零配件应齐全、无破损。

2 楼层配线箱内光分路器的型号、规格、数量、安装位置应符合设计要求。

3 楼层配线箱应安装在建筑物的公共部位或覆盖用户的中心区域,应安全可靠、便于维护。安装完成后,箱门开启角度不小于 120°,箱体安装高度应符合设计要求。

4 进入楼层配线箱、过路箱的管口应伸入箱内 10 mm~15 mm。

5 楼层有源配线箱电源插座应安装在箱内右下角,必须检查确认无误后方可通电。

6 楼层配线箱编号应符合设计要求,字体应端正、清晰。

7 在箱体内应粘贴纤芯成端与分配图,标识出光分路器的覆盖范围和用户所对应的端口;在尾纤上粘贴尾纤标签,标识出光分路的编号,并在备用光分路上标识出"备用"字样。

5.4.4 用户信息配线箱的安装应符合下列要求:

1 用户信息配线箱宜低位安装,安装高度应符合设计要求。

2 用户终端盒的盒体的安装高度应符合设计要求。

3 住户内暗配管应汇聚到用户信息配线箱,用户终端设置的位置及数量、管材等应符合设计要求。

4 引入用户信息配线箱内的电源线外护套不得有破损,金属导体不得外露,插座和电源线应固定在箱内,金属箱体接地必须良好可靠。

5.5 光分配网(ODN)及线缆施工

5.5.1 子管敷设应符合以下要求:

1 敷设光缆前,在管孔内应敷设塑料子管,也可以使用纺织子管等其他形式的子管,所选用子管数量、规格及使用子管孔位应符合设计要求。

2 敷设子管时牵引张力不宜大于 3 500 N,牵引速度应均匀。子管敷设应避免扭曲和出现小圈。

3 管孔中数根子管宜一次性敷设到位;管道内敷设 3 根以上子管时,应做子管识别标记;敷设同一光缆应占用同一孔位中同一色子管。

4 对管道口和暂不穿光缆的子管应采用专用孔塞封闭,对敷设光缆的子管应先穿牵引绳。

5 子管不应跨人(手)孔敷设。

6 子管在管道内不应有接头。

5.5.2 室外光缆施工应符合以下要求:

1 光缆弯曲半径不小于外径的 10 倍,施工过程中不应小于外径的 20 倍。采用绕"8"字圈方式敷设的,光缆的盘绕内径不应小于 2 m。

2 无金属内护层光缆敷设的牵引张力应不大于光缆允许张力 80%,瞬间最大张力不得大于光缆允许张力的 100%。牵引方式敷设时,主要牵引力应加在光缆的加强芯上,不得大于 1 500 N,并应防止外护层等拉伸移位。

3 光缆牵引时,应制作合格的光缆牵引端头。

4 机械牵引时,牵引设备应能调节张力,应具有超负荷时自动停机的功能,并自动发出警告。

5 光缆敷设的牵引速度宜为 5 m/min~15 m/min,一次牵引的直线长度不宜大于 1 000 m。牵引机械应为无级调速,可设置 0 m/min~20 m/min 档。人工牵引速度应均匀。

6 光缆敷设过程以及安装、回填中均应注意光缆安全,发现护层损伤应及时修复。在敷设过程中发现任何情况,应及时测量,确认光缆是否良好。光缆端头应作严格的密封防潮防水处理。

7 光缆敷设在管道的位置前后宜保持一致,光缆应不扭曲、无损伤。

8 管道光缆引出地面时,在距地面 2.5 m 以内的部分应采用无缝钢管保护,管口在穿缆时须加护圈,以防管内焊缝毛刺和管口刮伤光缆外护层。施工完毕后应用防水堵头封口。

9 每条光缆在人孔的两侧靠近管口处应各挂一块光缆标志牌,在手孔内应挂一块光缆标志牌。光缆标志牌应选用防水、防霉材料制作。光缆标志牌应标明光缆名称、规格、容量、施工单位和日期等。

10 管道的管孔及子管应按照设计要求封堵。

5.5.3 建筑内光缆施工应符合以下要求:

1 建筑物内光缆敷设路由应符合设计要求。

2 在光缆进出线槽部位、转弯处应绑扎固定;垂直线槽内光缆应在支架上固定,固定间隔不应大于 1.5 m。

3 桥架内垂直敷设光缆时,应在光缆的上端和每隔间距不大于 1.5 m 处绑扎固定。水平敷设时,应在光缆的首尾、转弯处及每隔 5 m~10 m 处绑扎固定。

4 光缆敷设在桥架及线槽内应顺直,不交叉,敷设时应防止扭曲,在光缆受力处应采取保护措施。

5 光缆敷设后,目视检查应无压扁、扭伤、折痕和裂缝等缺陷。

5.5.4 接入机房、广电间内光缆施工应符合下列要求：

1 接入机房、广电间内敷设线缆应符合设计要求，光缆、跳纤、电源线应分线槽、桥架敷设。

2 桥架、线槽内光缆敷设应符合本标准第5.5.3条的要求。

3 光缆引入ODF架，光缆的金属挡潮层、铠装层及金属加强芯应可靠接至高压防护接地装置上，光缆开剥后应用塑料套管或螺旋管保护，并引入、固定在光纤熔接装置中。

5.5.5 广电接入机房、广电间、楼道、弱电间（竖井）等所有广电用预留孔洞，在光缆敷设完毕后应按照设计和消防要求进行封堵。

5.5.6 入户光缆施工应符合下列要求：

1 在敷设蝶形入户光缆时，牵引力不应超过光缆最大允许拉伸力的80%。光缆敷设完毕后应释放张力保持自然状态。

2 蝶形光缆敷设的最小弯曲半径应符合表5.5.6的要求，弯曲应在光缆的扁平方向上进行。

表 5.5.6　蝶形光缆最小弯曲半径(mm)

光缆类型	静态(工作时)	动态(安装时)
非管道用蝶形光缆	20	40
管道用蝶形光缆	$10D$	$20D$

注：D 表示光缆外径，单位为 mm。

3 弱电间（竖井）内敷设应符合下列要求：

1）弱电间（竖井）内，入户蝶形光缆可敷设在桥架或走线槽内，也可敷设在公称口径 25 mm 的预埋暗管内。

2）将蝶形光缆通过桥架、线槽或暗管敷设至用户单元，当遇暗管不通时，可利用穿管器及润滑剂做好牵引工作，使蝶形光缆顺利敷设。

3）蝶形光缆不应与其他线缆共穿一根暗管。

4）蝶形光缆与室外光缆在桥架及走线槽内应分区域敷设，

避免与室外光缆交叉。

    5）桥架或走线槽内敷设入户蝶形光缆，应符合本标准第5.5.3条的要求。

    6）桥架入口端蝶形光缆宜预留2 m。

  4 室外管道敷设应采用管道蝶形引入光缆，管道蝶形引入光缆施工应符合本标准第5.5.2条的要求。

  5 敷设入户蝶形光缆时，楼层配线箱和用户信息配线箱两端的预留长度应符合设计要求。

  6 蝶形引入光缆进入用户信息配线箱一侧，宜采用预制成端的蝶形引入光缆，多余的光缆盘留固定在箱体内，不得扭曲受压，光纤连接器插头应盖上防尘帽保护。

  7 蝶形光缆标识应符合下列要求：

    1）在楼层配线箱、蝶形光缆入户后，每根蝶形光缆均应粘贴统一标识；

    2）所有标识应采用标签打印机打印，严禁手写；

    3）所有标识应粘贴牢固、易于读取、易于查看区分；

    4）蝶形光缆标识如图5.5.6所示。

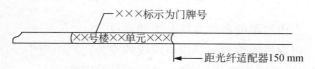

图5.5.6　蝶形光缆标识示意

5.5.7　光缆接续应符合下列要求：

  1 光缆接续宜采用熔接法，单模光纤熔接损耗应符合本标准表4.6.10的规定。

  2 蝶形光缆在工程期间批量成端接续应采用热熔方式。应急维修或分散安装时可采用现场组装式光纤活动连接器，引入的总附加损耗不应大于0.15 dB。

  3 应根据光缆接头盒的工艺尺寸开剥光缆外护层，不得损伤光纤。

4 光纤全部熔接完成后应根据光缆接头盒的不同结构,将余纤盘在光纤盘内,盘绕方向应一致;光纤盘的曲率半径不应小于 30 mm。

5 光缆的加强芯、金属护层应按设计要求进行接续、固定和接地。

6 光缆接头盒的封装必须按照接头盒的操作说明进行。用热缩套管封装时,加热要均匀,热缩后外形应平整光滑,无烧焦等不良状况,密封性能良好。

7 管道光缆接头应安装在人(手)孔壁上方的光缆接头盒托架上,接头余缆应紧贴人(手)孔搁架并固定。盘留光缆的曲率半径不得小于光缆外径的 15 倍。

8 自广电接入机房至用户信息配线箱的光缆敷设结束后,检查各接续点的连接应正常,检测光缆全程衰减,其指标应符合设计要求。

5.6 用户网络施工

5.6.1 户内线缆的敷设应符合下列要求:

1 户内线缆敷设与户内电源线的安装间距不应小于 0.3 m,且不能将二者同线槽、同出线盒及同设备箱安装。

2 户内敷设的线缆规格、型号、数量等应符合设计要求。

3 线缆的敷设应自然平直,不得产生扭绞、打圈等现象,不应受外力挤压和损伤。

4 自用户信息配线箱敷设至用户终端盒的同轴电缆、非屏蔽对绞电缆当中均不得有接头。

5 同轴电缆敷设后的最小曲率半径不应小于电缆外径的 15 倍。

6 同轴电缆终接应符合下列要求:

1）所有连接器均应具有防潮、防腐蚀、高屏蔽措施。

2）连接器安装时,电缆的内外导体应分别连接可靠,安装前检查电缆端口应干净、整齐。

3）连接器应采用压接型英制 F 接头,安装施工应符合工艺要求,并应正确使用安装工具。

4）安装时各类部件应齐全,安装位置应正确,装配应牢固;同轴电缆屏蔽网剖头长度应一致,应与连接器的外导体接触良好。

5）同轴电缆连接器与设备接口连接时应牢固可靠。

6）同轴电缆余留长度应符合设计要求,各层的开剥尺寸应与连接器尺寸相适合。

7 非屏蔽对绞电缆敷设后的最小曲率半径不得小于电缆外径的 4 倍,敷设长度应控制在 90 m 以内。

8 非屏蔽对绞电缆的终端连接模块应按 T 568B 方式端接。

9 敷设线缆时的牵引力均应控制在线缆允许的范围以内。

10 安装完工后线缆两端应粘贴标签,标明编号等。标签应选用不易破损的材料。标签标识应清晰准确便于辨识。

5.6.2 用户信息配线箱内设备器材安装应符合下列要求:

1 用户信息配线箱内线缆引出长度应不小于 0.5 m,并按顺序绑扎固定,便于以后设备维修和更换;设备应予以固定。

2 电源线、光缆、同轴电缆宜下走线,依次自右向左进走线,余线盘留于箱底,采用尼龙扎带,强弱电分开有序绑扎。

3 箱内所有线缆布置应横平竖直、整洁、美观。

5.6.3 分配器件及用户终端盒的安装应符合下列要求:

1 分配器的所有空余端口都应终接 75 Ω 负载。

2 分配器应装入防护盒内且符合电磁波泄漏标准。

3 分配器、用户终端之间的连接应采用特性阻抗为 75 Ω 的四屏蔽物理发泡同轴电缆。

4 用户终端盒的安装高度应符合设计要求。

6 测 试

6.1 光缆线路测试

6.1.1 光缆线路测试应包括光缆的光纤衰耗测试和入户光缆的测试。其中,光纤衰耗测试可使用光时域反射仪(OTDR)或光功率计进行分段测试;入户光缆应进行对纤测试。

6.1.2 工程施工阶段,各段光缆完成敷设、接续和成端后,应使用 OTDR 或光功率计对每段光缆进行测试,测试内容应包括在 1 310 nm/1 550 nm 波长的光链路衰耗、每段光链路的长度和光纤接续损耗,记录测试数据并形成测试记录文件,作为工程验收的依据。

6.1.3 光纤的接续以及光缆与尾纤的成端接续应采用熔接法。其接续损耗值应符合表 6.1.3 的规定。

表 6.1.3 单模光纤(G.652)接续损耗值

单纤(dB/熔接点)		带纤(dB/熔接点)	
平均值	最大值	平均值	最大值
≤0.06	≤0.10	≤0.12	≤0.25

6.1.4 入户光缆施工阶段,完成敷设、接续和成端后,应使用红光发生器(俗称红光源)进行入户光缆测试,主要测试光通道的通畅性。

6.2 非屏蔽对绞电缆测试

6.2.1 非屏蔽对绞电缆测试应包括水平电缆终接 RJ45 模块及

用户信息配纤箱内的接插件端子间安装连接的正确性以及主要电气性能参数。

6.2.2 非屏蔽对绞电缆测试报告宜采用测试设备生成的测试报告形成测试记录文件,作为工程验收的依据。

6.2.3 非屏蔽对绞电缆水平链路性能测试,应符合表6.2.3的规定。

表6.2.3 非屏蔽对绞电缆水平链路

序号	测试项目	测试条件	测试结果 6类及以上
1	特性阻抗	4 MHz～250 MHz时	100 Ω±15 Ω
2	最小回波损耗	100 MHz时	≥14.0 dB
3	最大衰减	100 MHz时	≤19.8 dB
4	最小近端串音衰减	100 MHz时	≥41.8 dB
5	链路最小衰减/串音比	100 MHz时	≥23.3 dB
6	传播时延	1 MHz时	≤0.491 μs

注:1. 基本链路长度94 m包括水平缆线90 m及4 m测试仪表的测试电缆长度。
　　2. 表中的测试结果为建议值。
　　3. 测试条件为环境温度20℃。

6.3 用户端电视系统测试

6.3.1 用户端电视系统测试应包括模拟和数字电视的主要性能参数,可使用电视信号分析仪和光功率计测试。测试结果应形成测试记录文件,作为工程验收的依据。

6.3.2 有线数字电视系统用户端模拟和数字电视系统技术标准应符合表6.3.2的规定。

表 6.3.2　有线数字电视系统用户端模拟和数字电视系统技术标准

用户端	项目		指标要求
1	载波电平	模拟载波电平(dBμV)	63～73
		数模频道电平差(dB)	－10～0
		任意(模拟或数字)频道间电平差(dB)	≤10
			≤8(任意 60 MHz 内)
		相邻(模拟或数字)频道间电平差(dB)	≤2
		模拟频道视音频比(dB)	17±1
2	载波交流声比		≤3%
3	调制误差率 MER(dB)		≥32(64QAM)
4	误码率 BER(64QAM)		≤1×10E-9(RS 解码前)
			≤1×10E-11(RS 解码后)
5	特性阻抗(Ω)		75
6	系统输出口相互隔离度(dB)		≥30(VHF)
			≥22(其他)
7	CATV 光接收机输入光功率(dBm)		≥－9
8	ONU 输入光功率(dBm)		≥－25

7 验 收

7.1 工程验收及文件编制要求

7.1.1 测试项目及指标按广电、通信、建筑工程等行业的有关规范、标准和工程设计规定进行。

7.1.2 竣工技术文件编制要求如下:

  1 工程竣工后,施工单位应在工程验收前,将工程竣工技术资料提交建设单位或监理单位。

  2 竣工技术资料应包括以下内容:

  1) 工程施工说明;

  2) 设备和主要器材检验记录;

  3) 已安装设备、器材明细表及相关资料;

  4) 建筑安装工程量总表;

  5) 施工竣工图;

  6) 各种竣工测试记录(一般为中文表示);

  7) 工程设计变更单和洽商记录;

  8) 工程决算;

  9) 项目监理报告。

  3 竣工技术文件应采用电子文档和纸质文档,内容齐全,资料准确,并与施工实物相符。

  4 未经过验收或验收不合格的项目,不得投入使用。验收中发现的问题,应查明原因,分清责任,提出解决办法并及时整改。完成后须提交整改结果并进行复验。

7.2 设备器材抽查及验收项目

7.2.1 设备器材的检测,宜按设备实际安装数量 5%～10% 的比例抽验;抽样时,应注意地理位置分布的均匀性,重要部位的设备属于必抽部分。具体抽查量应符合本标准附录 B 的规定。

7.2.2 主要器材的检验经过常规抽查,当发现不满足检查要求时,必须加倍抽查检验,加倍抽查检验依旧不满足检查要求的,该批次的设备器材不得在工程中使用。检验不合格的器材严禁在工程中使用。

7.2.3 设备和主要器材检验的结果和问题处理结果应有记录,并归档保存。

7.3 工程验收检验项目及标准

7.3.1 工程质量检验方式分为随工检查、隐蔽工程签证和竣工验收。工程验收检验项目及标准应按本标准附录 C 的规定执行。

7.4 管道质量检验

7.4.1 管道质量检验应按照现行上海市工程建设规范《住宅区和住宅建筑通信配套工程技术标准》DG/TJ 08—606 有关通信管道质量检验的要求执行。

7.5 建筑内安装工程验收

7.5.1 楼层配线箱安装牢固,位置合理,箱内安装光分路器的规格、型号及数量正确;进出缆线外表无挤压和损伤,无盘绕,弯曲半径符合要求,接头工艺合格。在箱体内应粘贴纤芯成端与分配图并标识正确。

7.5.2 进户缆线应使用 2 芯蝶形光缆。缆线应自然平直,中间无扭绞,无外力的挤压和损伤,弯曲半径应符合要求。缆线应避免与电源线路近距平行或交叉走线。穿越楼板的垂直管道应贯穿楼板固定,缝隙应使用防火泥封堵。

8 运行管理

8.1 一般规定

8.1.1 运行维护管理单位应建立健全完善、可行的维护管理制度，并应加强对维护质量的检查。

8.1.2 故障处理遵循先恢复后修复、先 ODN 后入户、先高优先级业务后低优先级业务和及时通报的原则。

8.1.3 在重要保障期内要加强维护，保证畅通。

8.1.4 运行维护管理单位应按照运行维护的要求对 PON 设备及 ODN 配线设施进行例行检查、定期检查、日常巡检，各类检查应形成检查记录。

8.1.5 运行维护管理单位应对维护工作建立技术资料档案并妥善保管，技术资料应真实、完整、齐全。

8.2 运行与维护

8.2.1 PON 设备日常维护应符合下列规定：

1 应通过网管系统监控 PON 系统的各项告警和指标，当指标异常时，应及时处理。

2 应监控 OLT 上行端口流量，当流量过大或溢出时，应及时处理。

3 应配合新用户的开通，做好网元配置数据录入。

8.2.2 PON 设备定期维护应包括下列内容：

1 对备用设备的定期检测。

2 上联链路质量的定期检测。

3 系统运行数据的收集、分析和处理。

8.2.3 ODN 设施日常维护应包括下列内容：

1 线路巡查。

2 清除线路故障和线路隐患。

3 资源变更情况及时录入。

8.2.4 ODN 设施定期维护应包括下列内容：

1 线路传输指标的定期检测。

2 防雷保护设施和防雷保护地线的质量定期检测。

8.2.5 广电接入网光纤到户系统维护质量要求见表 8.2.5。

表 8.2.5 广电接入网光纤到户系统维护质量要求

编号	项目		指标要求	备注
1	广播电视网络光纤到户系统传输通道可用度		95%	—
2	ODN 光通道损耗	A 类	≤20 dB	均适用于点到点光纤以太网的 FTTH 实现方式,分光比不大于 1:8 适用于 A 类光通道损耗;分光比 1:16 或 1:32 适用于 B 或 C 类光通道损耗;分光比 1:64 适用于 D 类光通道损耗
		B 类	≤24 dB	
		C 类	≤29 dB	
		D 类	≤33 dB	
3	ODN 纤芯完好率		≥95%	完好纤芯是指每一光通道内,纤芯平均损耗≤0.25 dB,无大于 0.3 dB 的损耗点
4	光缆阻断率		≤0.4 次/公里·年	
5	光缆最长抢修时限		应按中华人民共和国信息产业部令第 36 号《电信服务规范》相关规定执行	
6	数据传输通道故障处理时限	三级光分路器故障		影响(1~16)户
		二级光分路器故障		影响(16~32)户
		单 PON 口故障或一级光分路器故障		影响(32~64)户
		单 PON 板故障		影响(64~512)户
		上联口业务中断		影响(512~4 096)户

编号	项目		指标要求	备注
7	广播传输通道故障处理时限	三级光分路器故障	应按国家广播电影电视总局令第62号《广播电视安全播出管理规定》的相关规定执行	影响(1~32)户
		二级光分路器故障		影响(32~512)户
		主干光缆中断、一级光分路器故障、机房设备故障		影响(512~4 096)户及以上
8	客服		为用户提供7×24 h故障报修、咨询和投诉等服务	—
9	图像及伴音监视要求	任何节目的接收、传送环节的图像质量	图像清晰,色彩鲜艳,无马赛克或图像停顿	—
10		任何节目的接收、传送环节的声音质量	对白清晰,音质无明显失真,不应出现明显的噪声或杂音	—
11		任何节目的接收、传送环节图像和声音的相对定时	无明显的图像滞后或超前于声音的现象	—
12	宽带接入业务要求		应具备提供1 Gbps宽带接入业务的能力,同时具备面向更高带宽需求的平滑升级能力	—

8.2.6 广电接入网光纤到户系统应在城域网机房设立宽带接入业务和广播电视节目监视和监测系统。

附录 A 用户信息配线箱内部布局示意图

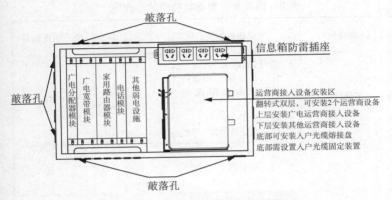

图 A 用户信息配线箱内部布局示意图

附录 B 设备和主要器材检验的抽查量

表 B 设备和主要器材检验的抽查量

序号	抽查项目	常规抽查数量	发现问题增查数量	最小抽查数量
1	光分纤设备	1. 型号、规格 100% 2. 出厂检验报告和合格证，安装使用说明书 100% 3. 箱体外观 100% 4. 配件及其他附件 100%	10%	2 只
2	电缆	1. 型号、规格 10% 2. 出厂检验报告和合格证 100%	型号、规格 20%	1 盘
3	光缆	1. 型号、规格 10% 2. 纤芯盘测 100% 3. 出厂检验报告和合格证 100%	型号、规格 20%	1 盘
4	光分路器	1. 光分路比 100% 2. 出厂检验报告和合格证 100%	100%	100%
5	活动连接器	1. 型号、规格 100% 2. 出厂检验报告和合格证 100%	100%	100%
6	尾纤及跳纤	1. 型号、规格 100% 2. 出厂检验报告和合格证 100%	100%	100%
7	光、电接续器材	5%	10%	1 套
8	水泥预制品	3%	3%	大顶 1 套；底盖板 10 块；甲、乙砖各 10 块

续表B

序号	抽查项目	常规抽查数量	发现问题 增查数量	最小抽查数量
9	塑料管材	3%	3%	10 根
10	钢管和钢筋	3%	3%	10 根
11	水泥	3%	3%	5 包
12	砂石料	3%	3%	0.5 t

附录C 工程验收检验项目及规定

表C 工程验收检验项目及规定

序号	项目	内容	规定	检验方式
1	广电接入机房及广电间	1. 土建施工:地面、墙面、门、土建工艺、预留孔洞	按设计规定	竣工验收*
		2. 电源插座、接地装置、电源装置等	按设计规定	随工检查*
		3. 装修应采用防火材料	符合消防规定	竣工验收
		4. 220 V 单相电源插座	应带接地保护装置	竣工验收
		5. 电源线敷设、接地设施安装	应采用穿线管、行线架、线槽内或明敷方式,每路电源线中间不应有接头	随工检查
2	设备和器材安装	1. 设备和主要器材检验	型号、规格、外观,测试报告和出厂合格证	随工检查
		2. 机柜设备安装	按设计规定就位,机柜排列整齐,垂直偏差≤3 mm,两个机柜间隙≤2 mm,机柜正面应保持在一个平面上	竣工验收
		3. 墙式(箱)架		
		4. 设备器材安装质量	按机柜(箱、架)配件要求固定全部螺栓,安装牢固,不得松动	竣工验收

续表C

序号	项目	内容	规定	检验方式
3	广电网管道:人(手)孔	1. 基础:钢筋,混凝土级配、厚度和宽度	钢筋应为 ϕ12 mm,C20级混凝土,水泥强度等级≥P.O.27.5,厚≥(150＋10)mm、宽度≥人(手)孔外尺寸300 mm、养护时间>24 h	随工检查隐蔽签证
		2. 混凝土石料质量	石料中不应有树叶、草根、木屑等杂物,含泥量按重量计≤2%	随工检查
		3. 混凝土搅拌水	不应使用工业污水及含有硫化物的水	随工检查
		4. 外形尺寸和井内高度偏差	－5 mm～＋8 mm	竣工验收*
		5. 内墙粉刷层和厚度	(20＋2)mm,贴实严密,不空鼓,无裂缝,光滑平整	随工检查
		6. 外墙粉刷层	贴实严密,不空鼓,不脱落,不开裂	随工检查
		7. 积水盂	每只人(手)孔一只	竣工验收
		8. 安装拉缆环	距离基础300 mm,露出墙面80 mm～100 mm	竣工验收
		9. 安装鱼尾螺栓和搁架	安装牢固,鱼尾螺栓露出墙面70 mm～80 mm	竣工验收
		10. 渗漏	所有管孔全部封堵,井内不应渗漏水	竣工验收*
		11. 安装铁框和包封	铁框高出路面≤10 mm,并用C20级混凝土包封	随工检查
4	广电网管道铺设	1. 管材型号、规格、质量	按设计规定	随工检查*

序号	项目	内容	规定	检验方式
4	广电网管道铺设	2. 管顶至路面	塑料管 ≥0.8 m/车行道 ≥0.7 m/人行道 ≥0.5 m/绿化带 钢 管 ≥0.6 m/车行道 ≥0.5 m/人行道 ≥0.3 m/绿化带	随工检查隐蔽签证
		3. PVC 双壁波纹管固定支架	每隔 2 m 安置一只	随工检查
		4. PVC 双壁波纹管包封	C15 级混凝土全包封,厚度50 mm	随工检查隐蔽签证
		5. 敷设塑料管	应放底板和盖板;底(盖)板之间应用铁线将两端钢筋用"8"字法绕扎,并用C15 级混凝土封填接缝;排管顺直不应交叉。管顶距地面 0.7 m~1.0 m	随工检查隐蔽签证
		6. 敷设钢管	3 孔以上,应用 C10 混凝土包封;3 孔及以下,将钢管对接处全包封,其余暴露部分作防锈处理。管顶距地面:0.7 m~1.0 m	随工检查隐蔽签证
		7. 钢管对接套管	长度为 400 mm+ 5 mm	随工检查
5	建筑物内暗管	1. 预埋暗管	两端口挫圆无毛刺	随工检查
		2. 建筑物引入管	以 1‰~2‰ 的斜率朝下,向室外倾斜	竣工验收
		3. 进入楼层配线箱或过路箱	管子应伸长 10 mm~15 mm	竣工验收
6	线槽和桥架	1. 安装高度和间距	安装高度宜大于 2 200 mm,距楼顶大于 300 mm,遇过梁和障碍物间距不宜小于100 mm	竣工验收

序号	项目	内容	规定	检验方式
6	线槽和桥架	2. 线槽水平安装支架和吊架	① 线槽接头处; ② 每间隔 2 m 处; ③ 距线槽终端 0.5 m 处; ④ 转弯处	竣工验收
		3. 线槽垂直安装固定	① 垂直距离<2 m; ② 距终端及分线点 0.3 m 处; ③ 转弯处、接头处	竣工验收
		4. 安装质量	① 垂直、排列整齐、紧贴墙体; ② 不应在穿越楼板或墙体处进行接头	竣工验收
		5. 接地连接	① 按设计规定做好接地保护; ② 每节线槽之间应做好接地连接	竣工验收
7	楼层配线箱及用户信息配线箱安装	1. 安装高度	① 用户信息配线箱距地坪 0.3 m; ② 楼层配线箱底边距地坪 1.3 m; ③ 墙式室外设备箱距地坪 1.3 m; ④ 有源配线箱内的电源插座应安装在右下角	竣工验收*
		2. 标识	箱体门内侧合适位置粘贴标识,标明分光器的数量和分光器的端口对应关系,以及排列方式,明确覆盖范围,用户所对应的端口等	竣工验收
		3. 接地	金属外壳必须按设计和相关规定做好接地保护	竣工验收*

序号	项目	内容	规定	检验方式
8	光缆交接箱安装	1. 交接箱基础	① 水泥底座的制作、安装以及材料的选择、配比必须符合设计要求; ② 基础土层应压实,砌砖低于地坪,以不露出地面为准; ③ 混凝土浇筑应高出路面100 mm; ④ 粉刷抹面应均匀、不空鼓,表面应光滑平整,倒角线应平直	随工检查*
		2. 预埋件	① 预埋铁件安装应牢固,预埋位置正确,水平偏差不大于 3 mm; ② 室外引上管采用 φ89 mm无缝钢管,钢管之间间距为 10 mm,管口排列整齐、高低一致; ③ 每根钢管内敷设自人(手)孔至交接箱的子管,子管应露出水泥底座 10 mm	随工检查*
		3. 接地	接地电阻小于 10 Ω	随工检查*
		4. 光缆交接箱安装	① 交接箱内所有配件应符合设计要求; ② 水泥底座施工完毕后72 h 方可进行光缆交接箱的施工; ③ 光缆交接箱安装时,应在底座上铺防水橡胶垫;紧固底座螺帽时,要垫上橡胶垫圈; ④ 交接箱安装完毕后,箱体的垂直偏差不应大于3 mm	随工检查*

序号	项目	内容	规定	检验方式
9	敷设子管	1. 在 ϕ89 mm～ϕ110 mm 管孔内	按设计规定数量敷设	随工检查
		2. 在人（手）孔井内	在井内应断开	随工检查
		3. 子管在管道内	不应有接头	随工检查
		4. 固定	超出第一根搁架 150 mm，绑扎固定	随工检查
10	敷设光缆	1. 光缆盘测	检查规格、型号，按出厂标准测试衰耗值	随工检查*
		2. 建筑方式	按设计规定	竣工验收
		3. 地下管道敷设	每孔子管敷设一条光缆	随工检查
		4. 牵引力和速度	牵引力＜1 500 N，牵引速度＜15 m/min	随工检查
		5. 一次牵引长度	≤1 000 m	随工检查
		6. 预留点和长度	按设计规定	竣工验收
		7. 人（手）孔内保护和固定	人(手)内光缆暴露部分应用塑料软管包扎保护，并固定在电缆搁架上	随工检查*
		8. 光缆号牌	每只人(手)孔都要吊挂，标明光缆名称、规格、容量、施工单位和日期	随工检查*
		9. 光缆曲率半径	敷设过程＞光缆外径的20倍；光缆固定＞光缆外径的10倍；入户光缆敷设的最小弯曲半径应符合设计规定	随工检查
11	光缆接续	1. 光缆纤芯接续	应一次连续作业直至完成	随工检查
		2. 接头内光纤曲率半径	≥30 mm(B1.3) ≥20 mm(B6a)	随工检查

序号	项目	内容	规定	检验方式
11	光缆接续	3. 铝护层、加强芯连接	连接牢固,接触良好	随工检查
12	光缆接头盒封装	光缆接头盒封装	① 光缆接头盒用热缩套管封装,加热要均匀,热缩后外形应平整光滑,无烧焦等不良状况,密封性能良好; ② 管道光缆接头应安装在人(手)孔壁上方的光缆接头盒托架上,接头余缆应紧贴人(手)孔搁架并固定。盘留光缆的曲率半径不得小于光缆外径的15倍	随工检查
13	光缆测试验收	1. 每芯接头双向衰耗平均值	单模单纤≤0.06 dB/芯 带状光纤≤0.12 dB/芯 机械接续≤0.15 dB/芯	竣工验收*
		2. 光纤终端适配器连接	接头衰耗≤0.5 dB/芯	竣工验收*
14	同轴电缆敷设	1. 线缆检查	型号、规格、产品合格证和技术检验报告	竣工验收*
		2. 敷设每条链路	中间不允许接头	竣工验收*
		3. 敷设质量	自然平直,不应产生扭绞、打圈等现象	随工检查
		4. 电缆接头	连接牢固,接触良好	竣工验收
		5. 预留点和长度	按设计规定	竣工验收
15	6类及以上对绞线敷设	1. 线缆检查	型号、规格、产品合格证和技术检验报告	竣工验收*
		2. 敷设每条链路	中间不允许接头,长度≤90 m	竣工验收*
		3. 敷设质量	自然平直,不应产生扭绞、打圈等现象	随工检查

序号	项目	内容	规定	检验方式
15	6 类及以上对绞线敷设	4. 曲率半径	牵引时大于线缆外径的 8 倍；固定安装时大于线缆外径的 4 倍	随工检查
		5. 预留点和长度	按设计规定	竣工验收
16	RJ45 模块安装	1. 通用插座安装	符合设计规定，螺栓固定，不松动；面板应有标识，以颜色、图形、文字表示所终接设备类型	竣工验收
		2. 8 芯 6 类线的终接	一条 8 芯（四对）6 类线应全部固定接在一个信息插座上	随工检查
17	6 类线终接检验	1. 线缆终接处	必须牢固，接触良好；芯线保持扭绞状态，扭绞松开长度小于 13 mm	竣工验收
		2. 线缆与接插件连接	按 T568B 方式，认清线号、线位色标，不得颠倒和错接	竣工验收 *

注：检验方式一栏中，带有"＊"条款的项目，是必须检验的项目。

本标准用词说明

1 为便于在执行本标准条文时区别对待,对要求严格程度不同的用词说明如下:

    1）表示很严格,非这样做不可的用词:

        正面词采用"必须";

        反面词采用"严禁"。

    2）表示严格,在正常情况下均应这样做的用词:

        正面词采用"应";

        反面词采用"不应"或"不得"。

    3）表示允许稍有选择,在条件许可时首先应这样做的用词:

        正面词采用"宜";

        反面词采用"不宜"。

    4）表示有选择,在一定条件下可以这样做的用词,采用"可"。

2 标准中指定应按其他有关标准执行时,写法为"应符合……的规定(要求)"或"应按……执行"。

引用标准名录

1 《外壳防护等级(IP 代码)》GB 4208
2 《建筑抗震设计规范》GB 50011
3 《建筑设计防火规范》GB 50016
4 《高层民用建筑设计防火规范》GB 50045
5 《火灾自动报警系统设计规范》GB 50116
6 《数据中心设计规范》GB 50174
7 《建筑内部装修设计防火规范》GB 50222
8 《综合布线系统工程设计规范》GB 50311
9 《综合布线系统工程验收规范》GB 50312
10 《通信管道与通道工程设计规范》GB 50373
11 《通信管道工程施工及验收规范》GB 50374
12 《通信局(站)防雷与接地工程设计规范》GB 50689
13 《有线电视网络工程设计标准》GB/T 50200
14 《有线电视网络工程施工与验收标准》GB/T 51265
15 《宽带光纤接入工程技术标准》GB/T 51380
16 《有线电视网络光纤到户系统技术规范》GY/T 306.1
17 《有线电视系统用室外光缆技术要求和测量方法》
   GY/T 130
18 《有线电视系统输出口(5 MHz～1 000 MHz)技术要求
   和测量方法》GD/J 094
19 《有线电视系统用分支器和分配器(5 MHz～1 000 MHz)
   技术要求和测量方法》GD/J 095
20 《光分路器技术要求和测量方法》GD/J 096

21 《有线电视系统蝶形光缆技术要求和测量方法》GD/J 098

22 《光缆交接箱技术要求和测量方法》GD/J 102

23 《光缆分纤箱光缆分纤盒技术要求和测量方法》GD/J 103

24 《光缆接头盒技术要求和测量方法》GD/J 105

25 《水平对绞电缆技术要求和测量方法》GD/J 109

26 《电信设备安装抗震设计规范》YD 5059

27 《通信线路工程设计规范》YD 5102

28 《通信管道人孔和手孔图集》YD 5178

29 《宽带光纤接入工程设计规范》YD 5206

30 《通信机房静电防护通则》YD/T 754

31 《通信光缆交接箱》YD/T 988

32 《宽带接入用综合配线箱》YD/T 1313

33 《通信局(站)机房环境条件要求与检测方法》YD/T 1821

34 《光纤活动连接器可靠性要求及试验方法》YD/T 2152

35 《住宅信息配线箱通用技术条件》DB31/T 289

36 《住宅小区智能安全技术防范系统要求》DB31/T 294

37 《住宅区和住宅建筑通信配套工程技术标准》DG/TJ 08—606

38 《公共建筑通信配套设施设计标准》DG/TJ 08—2047

39 《移动通信基站塔(杆)、机房及配套设施建设标准》DG/TJ 08—2301

上海市工程建设规范

广电接入网工程技术标准

DG/TJ 08—2009—2021
J 13341—2021

条 文 说 明

2022 上海

目　次

Contents

1 总　则

1.0.2　民用建筑包含住宅和办公、旅馆、文化、博物馆、观演、会展、教育、金融、交通、医疗、体育、商店等公共建筑。

1.0.3　广电接入网设计、施工、验收，除应符合本标准外，尚应符合现行国家标准《有线电视系统工程技术规范》GB 50200、《综合布线系统工程设计规范》GB 50311、《综合布线系统工程验收规范》GB 50312、《智能建筑工程质量验收规范》GB 50339、《建筑工程施工质量验收统一标准》GB 50300、《民用建筑电气设计标准》GB 51348；现行上海市工程建设规范《住宅设计标准》DGJ 08—20；现行行业标准《钢制电缆桥架工程设计规范》CECS 31，以及人防、无障碍、特殊用途等建筑的有关标准和规定。

4 设 计

4.1 一般规定

4.1.1 建筑内的广电管线采用暗敷方式,其垂直线缆上升方式有两种形式:竖井上升和暗管上升。采用竖井上升形式的,收容的线缆多、敷设比较灵活且扩容方便,但需占用一定的建筑面积。采用暗管上升形式的,仅需占用少量的墙面,但收容的线缆有限、灵活性差且扩容困难。高层住宅应采用竖井上升形式;中高层住宅采用竖井上升形式的比采用暗管上升形式好;多层住宅目前普遍采用暗管上升形式,但宜向竖井上升形式发展。

4.2 广电光纤到户系统设计

4.2.1 广播电视与宽带接入系统头端设备包括光发射机、光纤放大器、OLT 设备等。广播电视与宽带接入系统头端和用户端网络节点之间通过光分配网络(ODN)连接。用户网络终端通过用户网络连接用户端网络节点,典型设备包括机顶盒、个人电脑、电视机等。

4.2.2 广电光纤到户采用射频(RF)混合的双纤方式,射频(RF)混合是基于射频广播技术和 PON 技术的一种光纤到户技术方案,其双向交互部分采用 PON 技术,广播电视通道采用射频广播技术,广播电视通道网络侧设备包括光发射机和光纤放大器。RF 混合两纤三波组网方案采用双纤入户,射频广播信号传输使用一纤,PON 上下行数据传输使用另一纤,射频广播信号和 PON 上下行数据传输通道完全分开,避免多波长间的干扰。射频广播信号通过光接收机接收，由光接收机通过 RF 接口提供给机顶盒或内置机顶盒模块的电视机。数据信号通过 ONU 接收，由 ONU 通过室内交互数据分配网络为终端提供宽带接入业务。

4.2.3 光纤到户接入网 ODN 采用双纤部署。其中一纤为广播电视传输通道，另一纤为数据传输通道。

4.2.4 计算用户终端电平时，要考虑用户信息配线箱至用户终端盒之间的电缆及用户终端盒的损耗。

4.3 广电接入机房及广电间设计

4.3.1 为节省建筑空间、降低成本，广电接入机房可以与其他弱电机房共同设计、建设，共用一个机房。当与其他弱电机房共用时，根据《广播电视安全播出管理规定》，为保证广播电视的安全播出，广电接入机房需考虑采取相应的安全隔离措施。

4.3.3 本标准所列的广电接入机房使用面积为最小值。机房面积的确定除了要考虑本期工程安装主设备所需的面积外，还需考虑配套辅助设备以及安装施工和维护检修所需的空间。此外机房面积的确定除考虑上述因素外，还应预留适当的发展余地，以满足今后一定时期的需要。覆盖用户超过 4 000 户时，宜平均分配为多个广电接入机房。

4.3.4 机房地面等效均布活荷载不应小于 6 kN/m^2。改建机房时，如原建筑等效均布活荷载小于 6 kN/m^2 时，可采取加固等措施达到要求。

4.3.8 住宅建筑中，广电间可以与电信间等其他弱电间合用。设置广电间是为了满足移动通信小区覆盖的需要，同时还可为住宅区广电固定、移动网络光缆资源共享提供便利条件。

4.3.12 广电间设置配电箱用于提供系统设备的工作电源，电源插座用于维护等需要。配电箱宜采用明装方式，电源插座宜采用嵌墙安装。

4.4　地下管道设计

4.4.2　住宅小区内地下广电接入网管道的手孔不宜设在车道下，主要原因是受手孔顶盖的荷载局限。进楼管的位置及方位，应根据小区总体的管道规划来确定，以减少人（手）孔的数量，适当缩短管道的总长度，以求得经济的工程投资。

4.4.6　对小外径线缆（如光缆）通常采用子管道方式以求得经济的管孔空间利用。管材的选用需考虑便于维护等因素。管道的容量应按远期通信线缆的条数及备用管孔数确定，使之既能满足远期需求又可降低工程投资。

4.4.11　住宅小区与广电接入网公共管网管道相连通的人孔及接入机房前的人孔规格可选大一号。

4.5　建筑内管网设计

4.5.5　楼层挂壁式或壁嵌式配线箱（楼层配线箱）箱体尺寸应根据实际需要设计，安装时需要与周围环境相协调。预留直径不小于 20 mm 的金属管到楼层电源箱，用于获取 220 V 电源。

4.5.11　管截面利用率为缆截面积总和/管内截面积×100%。管径利用率为缆直径/管内径×100%。

暗管内敷设线缆的管截面利用率按公式（1）计算：

$$管截面利用率 = A_1/A \tag{1}$$

式中：A_1——敷设在暗管内线缆的总截面积；

　　　A——暗管内截面积。

暗管内敷设线缆的管径利用率按公式（2）计算：

$$管径利用率 = d/D \tag{2}$$

式中:d——线缆的外径;

D——暗管的内径。

4.5.16 线缆桥架内的线缆填充率按公式(3)计算:

$$线缆填充率 = S_1/S \qquad (3)$$

式中:S_1——所有线缆的截面积之和;

S——桥架内横截面积。

4.5.34 2021年5月,住房和城乡建设部办公厅印发《关于集中式租赁住房建设适用标准的通知》,考虑到集中式租赁住房的实际情况,户内适当增加电视、数据双孔用户终端盒的设置,以满足用户需求。

4.6 光分配网(ODN)及线缆设计

4.6.1 光分配网(ODN)部署要求:

3 机房和末级光分路器采用活动连接方式,是为了便于线路维护和线路检测。

6 根据住房和城乡建设部办公厅印发的《关于集中式租赁住房建设适用标准的通知》,针对集中式租赁住房等楼层用户数较多的住房,适当增加楼层配线箱的数量。

4.6.2 光缆交接箱接入光纤资源在满足每个光分路器的接入需求后,可以适当增加光纤芯数冗余,以满足区域内企事业单位或者其他业务的需求。对于点到多点的 FTTH 光缆网络,光缆交接箱内应考虑光分路器的放置。光缆交接箱内的光分路器可采用活动连接方式或直熔的固定连接方式。

当光缆分配点位于建筑物内时,可使用光纤配线架完成光缆的交接分配。对于点到多点的 FTTH 光缆网络,光纤配线架内还应考虑光分路器的放置。光纤配线架内的光分路器宜采用活动连接方式,以便于线路维护和线路检测。

4.6.3 楼层配线箱接入光纤资源配置至少保证每个光分路器有2芯光纤。在条件许可的情况下,可适当增加光纤芯数冗余,并考虑覆盖区域内企事业单位或者其他业务的需求。楼层配线箱应提供光缆固定、光纤的连接和分纤功能。对于点到多点的FTTH光缆网络,楼层配线箱内还应考虑光分路器的放置。光分路器宜采用活动连接方式,以便于线路维护和线路检测。

4.6.4 根据住房和城乡建设部办公厅印发的《关于集中式租赁住房建设适用标准的通知》,针对户均人口较多的集中式租赁住房等适当增加入户光纤容量配置。

4.6.5 光通道损耗的主要影响因素有:分路器的插入损耗、光纤本身的损耗、光纤熔接点损耗、尾纤/跳纤通过适配器端口连接的插入损耗。光通道损耗为以上因素引起的损耗的总和。在工程设计时,应控制ODN中最大的衰减值,最大衰减值要满足本标准表4.2.3的要求。在工程设计中,对光通道损耗的估算可采用表1所列的光部件损耗参数。

表1 影响光通道损耗的部件参数

名称		平均损耗(dB)
连接点		0.3
光分路器	1:32	16.8
	1:16	13.5
	1:8	10.5
	1:4	7.4
	1:2	3.8
光纤 (G.652D)	1 310 nm(1 km)	0.4
	1 490 nm (1 km)	0.25
	1 550 nm(1 km)	0.25

　　工程中使用的光纤跳线、尾纤等,一般长度较短,可以忽略。

　　设计中应对网络中最远用户的光通道衰减进行核算,采用最坏值法进行ODN光通道衰减核算,检查全网的光通道损耗是否满足本标准表 4.2.3 的要求,并根据需要对网络设计方案作适当调整。

4.6.6 光缆的选择规定:

4 非全装修住宅可采用非预制成端蝶形光缆入户至用户信息配线箱,待业务开通时再成端。

4.6.11 当管孔内敷设多根子管时,子管的总等效外径可按公式(4)计算:

$$D = \sqrt{1.5 \sum_{i=1}^{n} d_i^2} \tag{4}$$

式中:D ——多条子管组合外径(mm);

d_i ——每条子管的外径(mm);

n ——子管条数。

4.6.12 管道光缆在接入机房前的人孔中预留 15 m～20 m 是考虑为今后可能移动位置的机房预留足够的接续长度。

4.7 用户网络设计

4.7.1 用户网络的部署要求:

6 公制螺纹是以毫米为单位,其牙尖角为 60°。英制螺纹都是以英寸为单位的,牙尖角为 55°,与公制螺纹不能通用。有线电视电缆的 F 型接头,分为公制接头和英制接头,公制接头要略大于英制接头的直径,由于国家未规定有线电视电缆接头必须采用何种制式的接头,一般各个地区都根据原先网络的使用情况自行规定,如上海规定使用英制接头。

5 施 工

5.1 施工前检验

5.1.1 工程施工前对工程器材的规格、数量和质量进行检验是施工准备工作的重要内容,也是施工单位应承担的责任。

5.1.3 器材检验一般采用目测法,即目测器材的型号、规格、数量是否相符,外包装是否破损等,而对某些器材如电缆、光缆等,需对其某些特性进行测试,以核实其与标准的符合性。

5.5 光分配网(ODN)及线缆施工

5.5.2 规定光缆敷设过程中最小曲率半径不应小于光缆外径的20倍的条件下,又规定"8"字圈的内径不小于 2 m,这是为了保证敷设过程中的质量。

以敷设盘长为 2 000 m 的光缆为例。光缆敷设 1 000 m 后(本标准规定管道光缆的一次牵引长度不得超过 1 000 m),对盘上剩余的 1 000 m 光缆需要打"8"字圈后再行敷设。当"8"字圈内径为 0.6 m 时,需要打"8"字圈 260 只左右,显然很不安全,会造成坍塌、缠绕,不利于敷设工作。如"8"字圈内径为 2 m 时,只需要打"8"字圈 40 只左右,上面讲的缺陷几乎就会消除,有利于敷设工作。如地形条件许可,再增大"8"字圈内径,敷设工作会更顺当。盘打"8"字圈时,还应注意两点,一是要打成横"8"字,尽可能避免竖"8"字;二是注意光缆的引出方向,不要打成反"8"字。

5.6 用户网络施工

5.6.1 户内线缆的敷设要求：

6 同轴电缆芯线应防潮，否则会降低电缆的绝缘电阻，形成低绝缘，影响工程质量和传输质量。芯线接续时，要按照规定做好防潮工作，包括雨天、雾天不宜进行电缆接续，梅雨、雷雨季节要准备防雨设施等。如发现电缆接头绝缘电阻下降，可采用硅胶临时包扎或以低压电热吹风驱潮。